ACAA 中国数字艺术教育联盟
Autodesk 中国教育管理中心
全国高等职业教育应用型人才培养规划教材

AutoCAD 2014 电气设计项目教程

唐　静　马宏骞　李冬冬　主　编

岳　威　凌小莲　谢海洋　副主编

胡仁喜　主　审

U0304535

电子工业出版社

Publishing House of Electronics Industry

北京·BEIJING

内 容 简 介

本书以 AutoCAD 2014 为软件平台，讲述各种 CAD 电气设计的绘制方法。包括熟悉 AutoCAD 基本操作、绘制简单电气图形符号、熟练运用基本绘图工具、绘制复杂电气图形符号、灵活运用辅助绘图工具、绘制机械电气工程图、绘制通信电气工程图、绘制电力电气工程图、绘制建筑电气工程图等内容。

全书解说翔实，图文并茂，语言简洁，思路清晰。本书可以作为高等职业院校自动化类专业的教学用书，也可作为工程技术人员的参考工具书。

图书在版编目（CIP）数据

AutoCAD 2014 电气设计项目教程/唐静，马宏骞，李冬冬主编. —北京：电子工业出版社，2015.4
全国高等职业教育应用型人才培养规划教材
ISBN 978-7-121-25844-2

Ⅰ. ①A…　Ⅱ. ①唐…　②马…　③李…　Ⅲ. ①电气设备－计算机辅助设计－AutoCAD 软件－高等职业教育－教材　Ⅳ. ①TM02-39

中国版本图书馆 CIP 数据核字（2015）第 072582 号

策划编辑：王昭松（wangzs@phei.com.cn）
责任编辑：郝黎明
印　　刷：北京京师印务有限公司
装　　订：北京京师印务有限公司
出版发行：电子工业出版社
　　　　　北京市海淀区万寿路 173 信箱　邮编 100036
开　　本：787×1 092　1/16　印张：15.5　字数：396.8 千字
版　　次：2015 年 4 月第 1 版
印　　次：2017 年 5 月第 2 次印刷
印　　数：2 000 册　定价：35.00 元

前　言

电气工程图用来阐述电气工程的构成和功能，描述电气装置的工作原理，提供安装和维护使用的信息，辅助电气工程研究和指导电气工程实践施工等。电气工程的规模不同，电气图的种类和数量也不同。较大规模的电气工程通常要包含更多种类的电气工程图，从不同的方面表达不同侧重点的工程含义。

电气工程图一方面可以根据功能和使用场合分为不同的类别，另一方面各种类别的电气工程图都有某些联系和共同点，不同类别的电气工程图适用于不同的场合，其表达工程含义的侧重点也不尽相同。对于不同专业和在不同场合下，只要是按照同一种用途绘制的电气工程图，不仅在表达方式与方法上必须是统一的，而且在图的分类与属性上也应该一致。

AutoCAD 2014 提供的平面绘图功能能绘制电气工程图中的各种电气系统图、框图、电路图、接线图、电气平面图等。AutoCAD 2014 还提供了三维造型、图形渲染等功能。另外，电气设计人员还可以使用 AutoCAD 2014 绘制一些机械图、建筑图，作为电气设计的辅助工作。

AutoCAD 电气设计是计算机辅助设计与电气设计结合的交叉学科。虽然在现代电气设计中，应用 AutoCAD 辅助设计是顺理成章的事，但国内专门对利用 AutoCAD 进行电气设计的方法和技巧进行讲解的书很少。本书根据电气设计在各学科和专业中的应用实际，全面具体地对各种电气设计的 AutoCAD 设计方法和技巧进行深入细致的讲解。

一、本书特色

市面上关于 AutoCAD 电气设计的书籍比较多，但读者要想挑选一本自己中意的书却很困难。那么，本书为什么能够让您在"众里寻她千百度"之际，于"灯火阑珊"中 "蓦然回首"呢？那是因为本书有以下 4 大特色。

1．项目驱动，目标明确

本书根据教育部关于高职高专项目化教学推广的最新要求，在理解项目化教学的思想精髓的基础上，采取项目化教学驱动的方式组织内容，所有知识都在项目任务实施过程中潜移默化地灌输，使读者学习起来目标明确，有的放矢，增强学习的兴趣。

2．内容全面，剪裁得当

本书定位于创作一本针对 AutoCAD 2014 在电气设计领域应用功能全貌的教材与自学结合指导书。要求内容全面具体，不留死角，适合于各种不同需求的读者。但是，项目化教学在实施的过程中有一个缺陷需要特别注意，那就是实例对知识应用的片面性容易造成知识点本身的割裂，本书在编写的过程中，在选择任务实例时注重知识应用的代表性，尽量覆盖 AutoCAD 主要知识点。同时为了在有限的篇幅内提高知识集中程度，作者对所讲述的知识点进行了精心剪裁。

3．实例丰富，步步为营

对于 AutoCAD 软件在电气设计领域应用的工具书，我们力求避免空洞的介绍和描述，而是步步为营，每个知识点均采用电气设计实例演绎，这样读者在实例操作过程中就可以牢固地掌握软件功能。实例的种类也非常丰富，有知识点讲解的小实例，有几个知识点或全章知识点综合的综合实例，有练习提高的上机实例，更有最后完整实用的工程案例。各种实例交错讲解，达到巩固读者理解的目标。

4．例解与图解配合使用

与同类书相比，本书一个最大的特点是"例解+图解"：所谓"例解"是指抛弃传统的基础知识点的铺陈的讲解方法，而是采用直接实例引导加知识点拨的方式进行讲解，这种方式讲解使本书操作性强，可以以最快的速度抓住读者，避免枯燥。"图解"是指多图少字，图文紧密结合，大大增强了本书的可读性。

二、本书组织结构和主要内容

本书是以最新的 AutoCAD 2014 版本为演示平台，全面介绍 AutoCAD 电气设计从基础到实例的全部知识，帮助读者从入门走向精通。全书分为 9 个项目。

项目一　熟悉 AutoCAD 基本操作；

项目二　绘制简单电气图形符号；

项目三　熟练运用基本绘图工具；

项目四　绘制复杂电气图形符号；

项目五　灵活运用辅助绘图工具；

项目六　绘制机械电气工程图；

项目七　绘制通信电气工程图；

项目八　绘制电力电气工程图；

项目九　绘制建筑电气工程图。

三、本书素材

本书所有实例操作需要的原始文件和结果文件、上机实验的原始文件和结果文件以及教学视频，请广大读者登录网址 www.hxedu.com.cn 或 www.sjzswsw.com 下载使用和学习。

本书由辽宁建筑职业学院唐静、辽宁机电职业技术学院马宏骞和李冬冬担任主编，辽宁建筑职业学院岳威、南宁学院凌小莲、辽宁机电职业技术学院谢海洋任副主编，其中，谢海洋编写了项目一，马宏骞编写了项目二和项目三，李冬冬编写了项目四和项目五，唐静编写了项目六和项目九，岳威编写了项目七，凌小莲编写了项目八。AutoCAD 中国认证考试中心首席专家胡仁喜博士审校了全稿，闫聪聪、孟培、王培合、王义发、王玉秋、王敏、王渊峰、康士廷、王艳池等对本书的编写提供了大量帮助，值此图书出版发行之际，向他们表示衷心的感谢。

由于时间仓促，加上编者水平有限，书中不足之处在所难免，望广大读者联系 www.sjzswsw.com 或发送邮件到 win760520@126.com 批评指正，编者将不胜感激。

作　者

于 2015 年 1 月

目　　录

项目一　熟悉 AutoCAD 基本操作

■【学习情境】

到目前为止，读者还没有正式接触到 AutoCAD 2014 软件，对软件的操作环境，基本操作功能等还没有一个基本的感性了解。

在本项目中，我们通过几个简单任务开始循序渐进地学习 AutoCAD 2014 绘图的相关基本知识。了解如何设置图形的系统参数，熟悉建立新的图形文件、打开已有文件的方法等。为后面进入系统学习准备必要的知识。

■【能力目标】

➢ 掌握操作环境设置。
➢ 掌握文件管理。
➢ 掌握基本输入操作。
➢ 掌握显示控制操作。

■【课时安排】

2 课时（讲课 1 课时，练习 1 课时）

任务一　设置操作环境

■【任务背景】

操作任何一个软件的第一件事就是要对这个软件的基本界面进行感性的认识，并会进行基本的参数设置，从而为后面具体的操作做好准备。

AutoCAD 2014 为用户提供了交互性良好的 Windows 风格操作界面，也提供了方便的系统定制功能，用户可以根据需要和喜好灵活地设置绘图环境。

本任务只要求读者熟悉 AutoCAD 2014 软件的基本界面布局和各个区域的大体功能范畴。为了便于读者后面具体绘图，在本任务中可以试着设置十字光标大小和绘图窗口颜色等最基本的参数。

■【操作步骤】

1. 熟悉操作界面

（1）单击计算机桌面快捷图标 或在计算机上选择"开始"→"所有程序"→"Autodesk"→"AutoCAD 2014 简体中文（Simplified Chinese）"菜单选项，打开如图 1-1 所示的 AutoCAD 操作界面。

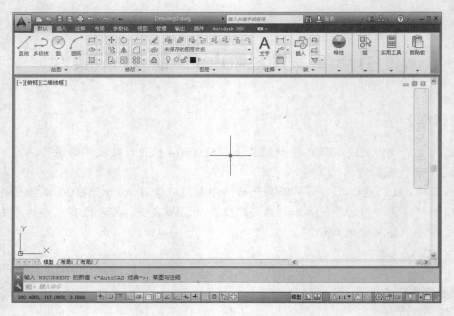

图 1-1　默认界面

（2）单击界面右下角的"切换工作空间"按钮 ⚙ ，打开"工作空间"菜单，从中选择"AutoCAD 经典"选项，如图 1-2 所示，系统转换到 AutoCAD 经典界面，如图 1-3 所示。

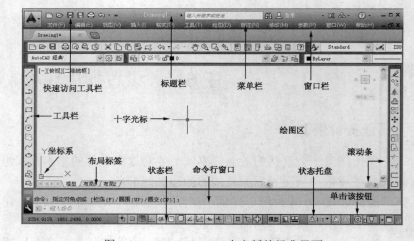

图 1-2　"工作空间"菜单　　　图 1-3　AutoCAD 2014 中文版的经典界面

该界面是 AutoCAD 显示、编辑图形的区域，一个完整的 AutoCAD 操作界面，包括标题栏、菜单栏、工具栏、绘图区、十字光标、坐标系、命令行窗口、状态栏、布局标签、滚动条、快速访问工具栏和状态托盘等。

2．配置绘图系统

由于每台计算机所使用的显示器、输入设备和输出设备的类型不同，用户喜好的风格及计算机的设置也不同，所以每台计算机都是独特的。一般来讲，使用 AutoCAD 2014 的默认配置就可以绘图，但为了使用用户的定点设备或打印机，以及为提高绘图的效率，AutoCAD 推荐用户在开始作图前先进行必要的配置。具体配置操作如下。

在命令行输入 preferences，或执行"工具"→"选项"菜单命令，或在绘图区右击，在弹出的快捷菜单中选择"选项"命令，打开"选项"对话框。用户可以在该对话框中选择有关选项，对系统进行配置。下面只就其中主要的几个选项卡作一下说明。

（1）系统配置。在"选项"对话框中的第 5 个选项卡为"系统"，如图 1-4 所示。该选项卡用来设置 AutoCAD 系统的有关特性。其中"常规选项"区域确定是否选择系统配置的有关基本选项。

（2）显示配置。在"选项"对话框中的第 2 个选项卡为"显示"，该选项卡控制 AutoCAD 窗口的外观，如图 1-5 所示。该选项卡设定屏幕菜单、屏幕颜色、光标大小、滚动条显示与否、固定命令行窗口中文字行数、AutoCAD 的版面布局设置、各实体的显示分辨率以及 AutoCAD 运行时的其他各项性能参数的设定等。其中部分设置如下：

① 修改图形窗口中十字光标的大小。

光标的大小系统预设为屏幕大小的百分之五。改变光标大小的方法为：在"十字光标大小"区域中的文本框中直接输入数值，或者拖动文本框后的滑块，即可对十字光标的大小进行调整，如图 1-5 所示。

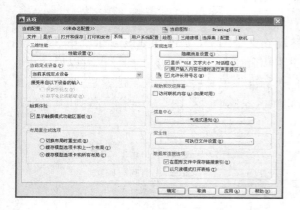

图 1-4 "系统"选项卡

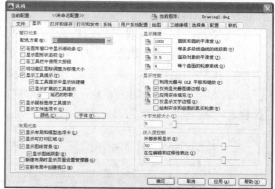

图 1-5 "显示"选项卡

此外，还可以通过设置系统变量 CURSORSIZE 的值，实现对其大小的更改。命令行提示如下：

```
命令：↙
输入 CURSORSIZE 的新值 <5>：
```

在提示下输入新值即可。默认值为 5%。

② 修改绘图窗口的颜色。

在默认情况下，AutoCAD 的绘图窗口是黑色背景、白色线条，这不符合绝大多数用户的习惯，因此修改绘图窗口的颜色是大多数用户都需要进行的操作。

修改绘图窗口颜色的步骤为：在如图 1-5 所示的"显示"选项卡中，单击"窗口元素"区域中的"颜色"按钮，打开如图 1-6 所示的"图形窗口颜色"对话框。单击"颜色"字样右侧的下拉箭头，在打开的下拉列表中，选择需要的窗口颜色，然后单击"应用并关闭"按钮，此时 AutoCAD 的绘图窗口即变成了窗口背景色，通常按视觉习惯选择白色为窗口颜色。

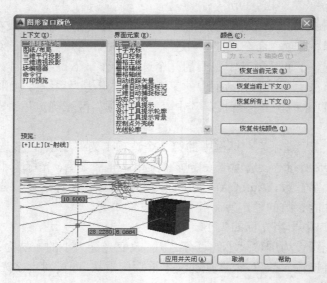

图1-6 "图形窗口颜色"对话框

③ 设置工具栏

工具栏是一组图标型工具的集合,把光标移动到某个图标,稍停片刻该图标一侧即显示相应的工具提示,同时在状态栏中,显示对应的说明和命令名。此时,单击图标也可以启动相应的命令。在默认情况下,可以见到绘图区顶部的"标准"工具栏、"样式"工具栏、"特性"工具栏、"图层"工具栏(如图1-7所示)和位于绘图区左侧的"绘图"工具栏,右侧的"修改"工具栏和"绘图次序"工具栏(如图1-8所示)。

图1-7 默认情况下出现的工具栏

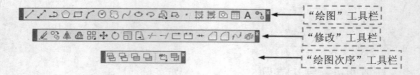

图1-8 "绘图""修改"和"绘图次序"工具栏

a. 调出工具栏。 将光标放在任一工具栏的非标题区右击,系统会自动打开单独的工具栏标签。然后单击某一个未在界面显示的工具栏名称,系统自动在界面打开该工具栏。反之,关闭工具栏。

b. 工具栏的"固定""浮动"与"打开"。工具栏可以在绘图区"浮动",如图1-9所示,同时可关闭该工具栏。用鼠标拖动"浮动"工具栏到图形区边界,可以使它变为"固定"工具栏。也可以把"固定"工具栏拖出,使它成为"浮动"工具栏。

有些图标的右下角带有小三角,单击此小三角会打开相应的工具栏,如图1-10所示,将光标移动到某一图标上单击，该图标就被设置为当前图标了。

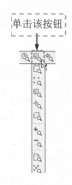

单击该按钮

图 1-9 "浮动"的工具栏   图 1-10 打开工具栏

任务二 管理文件

■【任务背景】

本任务将介绍有关文件管理的一些基本操作方法，包括新建文件、打开已有文件、保存文件、另存文件等，这些都是操作 AutoCAD 2014 最基础的知识。

■【操作步骤】

1. 新建文件

在命令行输入 NEW（或 QNEW），或者执行"文件"→"新建"菜单命令，或者单击"标准"工具栏中的"新建"按钮，打开如图 1-11 所示的"选择样板"对话框。选择一个样板文件（系统默认的是 acadiso.dwt 文件），系统会自动创建新图形。

 提示

样板文件是系统提供的预设好各种参数或进行了初步的标准绘制文件（如图框）。

在"文件类型"下拉列表中有.dwt、.dwg、.dws 3 种格式的图形样板。

一般情况下，.dwt 文件是标准的样板文件，通常将一些规定的标准样板文件设置成.dwt文件；.dwg 文件是普通的样板文件；而.dws 文件是包含标准图层、标注样式、线型和文字样式的样板文件。

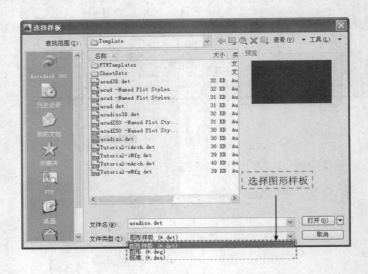

图 1-11 "选择样板"对话框

2. 保存文件

在命令行输入 QSAVE（或 SAVE），或者执行"文件"→"保存"菜单命令，或者单击"标准"工具栏中的"保存"按钮📳后，若文件已命名，则 AutoCAD 自动保存；若文件未命名（即为默认名 drawing1.dwg），则会打开"图形另存为"对话框（如图 1-12 所示），在"保存于"下拉列表框中选择保存文件的路径，在"文件类型"下拉列表框中选择保存文件的类型后，单击"保存"按钮保存文件。

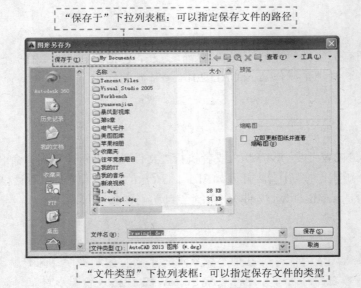

图 1-12 "图形另存为"对话框

3. 打开文件

在命令行输入 OPEN，或者执行"文件"→"打开"菜单命令，或者单击"标准"工具栏中的"打开"按钮📂，打开如图 1-13 所示的"选择文件"对话框，找到刚才保存的文件，单击"打开"按钮，系统打开该文件。

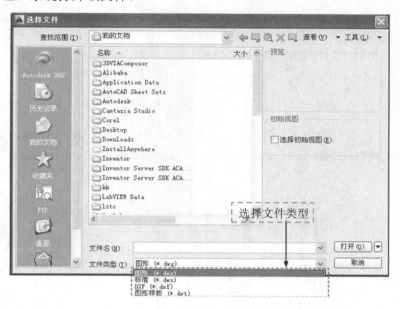

图 1-13　"选择文件"对话框

4. 另存文件

在命令行输入 SAVEAS，或者执行"文件"→"另存为"菜单命令，打开如图 1-12 所示的"图形另存为"对话框，为刚才打开的文件输入另一个文件名，指定路径进行保存。

5. 退出系统

在命令行输入 QUIT（或 EXIT），或者执行"文件"→"关闭"菜单命令，或者单击 AutoCAD 操作界面右上角的"关闭"按钮⊠后，若用户对图形所作的修改尚未保存，则会弹出如图 1-14 所示的系统警告对话框。单击"是"按钮系统将保存文件，然后退出；单击"否"按钮系统将不保存文件。若用户对图形所作的修改已经保存，则直接退出。

图 1-14　系统警告对话框

任务三　查看电气图细节

■【任务背景】

在绘制或者查看图形时，经常要转换绘制或查看图形的区域，或者要查看图形某部分的细节，这时候就需要用到 AutoCAD 的图形显示工具。

改变视图最常用的方法就是利用缩放和平移命令，在绘图区域放大或缩小图像显示，或者改变观察位置。

本任务将介绍利用 AutoCAD 2014 的平移和缩放两种显示工具对图形进行查看的具体方法，方便读者在具体绘图过程中转换显示区域和查看图形细节。

■【操作步骤】

1．打开文件

单击"标准"工具栏中的"打开"按钮 ，打开"C 盘/Program files/Autodesk/AutoCAD 2014/Sample/zh-CN/DesignCenter"文件夹中的"Analog Integrated Circuits.dwg"文件，如图 1-15 所示。

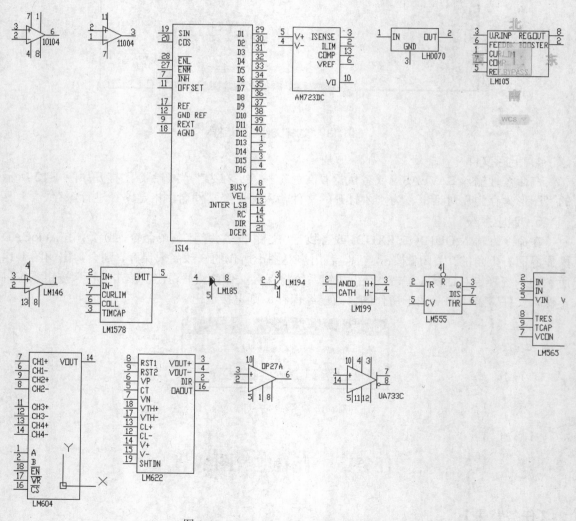

图 1-15　Analog Integrated Circuits.dwg

2．平移图形

在命令行输入 PAN，或者执行"视图"→"平移"→"实时"菜单命令，或者单击"标准"工具栏中的"实时平移"按钮，此时移动手形光标就可以平移图形了。

3. 缩放图形

（1）在命令行输入 Zoom，或者执行"视图"→"缩放"→"实时"菜单命令，或者单击"标准"工具栏中的"实时缩放"按钮，或者右击，在弹出的快捷菜单中选择"缩放"命令，如图 1-16 所示。此时绘图区域中出现缩放标记，向上拖动鼠标，可以将图形进行实时放大。

（2）单击"标准"工具栏上"缩放"下拉列表中的"窗口缩放"按钮，用鼠标在界面拖出一个缩放窗口，单击确认，即可实现窗口缩放。

（3）单击"标准"工具栏"缩放"下拉列表中的"上一个"按钮，系统自动返回上一次缩放的图形窗口，即窗口缩放前的图形窗口。

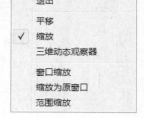

图 1-16　右键快捷菜单

（4）单击"标准"工具栏"缩放"下拉列表中的"动态缩放"按钮，这时，图形平面上会出现一个中心有小叉的显示范围框。然后单击，会出现右边带箭头的缩放范围显示框，若按住鼠标左键拖动，带箭头的范围框大小会发生变化，释放鼠标左键，范围框又变成带小叉的形式，可以再次按住鼠标左键平移显示框。按【Enter】键，则系统显示动态缩放后的图形。

（5）单击"标准"工具栏上"缩放"下拉列表中的"全部缩放"按钮，系统将显示全部图形画面。

（6）单击"标准"工具栏"缩放"下拉列表中的"缩放对象"按钮，并框选如图 1-17 所示的范围，系统将对对象进行缩放，最终结果如图 1-18 所示。

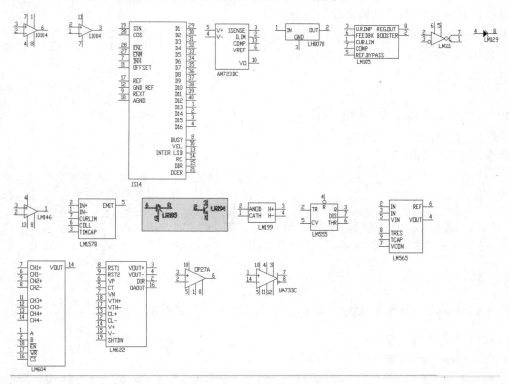

图 1-17　框选对象

图1-18　缩放对象效果

任务四　绘制一条线段

【任务背景】

为了便于绘制图形，AutoCAD 提供了尽可能多的命令输入方式，读者可以选择自己习惯的命令输入方式进行快速绘图。在指定数据点的具体坐标等参数时，AutoCAD 也设定了一些固定的格式，只有遵守这些格式输入数值，系统才能准确识别。

在 AutoCAD 2014 中，点的坐标可以用直角坐标、极坐标、球面坐标和柱面坐标表示，每一种坐标又分别具有两种坐标输入方式：绝对坐标和相对坐标。其中直角坐标和极坐标最为常用。

本任务将通过绘制如图 1-19 所示的一条线段介绍使用 AutoCAD 2014 绘图时具体的命令输入方式和数值输入格式。

图1-19　线段

【操作步骤】

1．直角坐标法输入数值绘制线段

（1）绝对坐标输入方式。

命令行提示与操作如下：

命令：LINE✓ //LINE 是"直线"命令，大小写字母都可以，AutoCAD 不区分大小写，✓表示回车键
指定第一个点：0,0✓　　　　　　　　　//这里输入的是用直角坐标法输入的点的 X、Y 坐标值
指定下一点或 [放弃(U)]：15,18✓　　　//表示输入了一个 X、Y 的坐标值分别为 15、18 的点，此为绝对坐标输入方式，表示该点的坐标是相对于当前坐标原点的坐标值，如图 1-21（a）所示
指定下一点或 [放弃(U)]：✓　　　　　　//直接回车，表示结束当前命令

注意

分隔数值一定要是西文状态下的逗号，否则系统不会识别输入数据。

（2）相对坐标输入方式。

命令行提示与操作如下：

命令：L✓ //L 是"直线"命令的快捷输入方式，和完整命令输入方式等效
指定第一个点：0,0✓

指定下一点或 [放弃(U)]：@10,20✓ //此为相对坐标输入方式，表示该点的坐标是相对于前一点的坐标值，如图 1-21 (c) 所示
指定下一点或 [放弃(U)]：✓ //如果输入 U，表示放弃上步的操作

2．极坐标法输入数值绘制线段

（1）绝对坐标输入方式。

单击"绘图"菜单中的"直线"命令，如图 1-20 所示，命令行提示与操作如下：

图 1-20 "直线"命令的菜单执行方式

命令：_line✓ //line 命令前加一个"_"，表示是"直线"命令的菜单或工具栏输入方式，和命令行输入方式等效
指定第一个点：0,0✓
指定下一点或 [放弃(U)]：25<50✓ //此为绝对坐标输入方式下极坐标法输入数值的方式，25 表示该点到坐标原点的距离，50 表示该点至原点的连线与 X 轴正向的夹角，如图 1-21 (b) 所示
指定下一点或 [放弃(U)]：✓

（2）相对坐标输入方式

单击"绘图"工具栏中的"直线"按钮 ，命令行提示与操作如下：

命令：_line✓
指定第一个点：8,6✓
指定下一点或 [放弃(U)]：@25<45✓ //此为相对坐标输入方式下极坐标法输入数值的方式，25 表示该点到前一点的距离，45 表示该点至前一点的连线与 X 轴正向的夹角，如图 1-21 (d) 所示
指定下一点或 [放弃(U)]：✓

有时候看不清楚绘制的线段，可以在当前命令执行的过程中执行一些显示控制命令，比如单击"标准"工具栏中的"实时平移"按钮 🖐️，命令行提示与操作如下：

命令：'_pan

按【Esc】或【Enter】键退出，或右击，在弹出的快捷菜单中选择"退出"命令。

✏️ 提示

命令行前面加一个"'"符号，表示此命令为透明命令，所谓透明命令是指在别的命令执行过程中可以随时插入执行的命令，执行完透明命令后，系统回到前面执行的命令过程中，不影响原命令的执行。

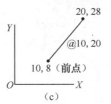
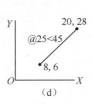

图 1-21 数据输入方法

3．直接输入长度值绘制线段

（1）在命令行右击，在弹出的快捷菜单中选择"最近使用的命令"子菜单中需要的命令，如图 1-22 所示。"最近使用的命令"子菜单中储存最近使用的 6 个命令，如果经常重复使用某个 6 次操作以内的命令，这种方法比较方便。

（2）在命令行提示与操作如下：

```
命令：_line
指定第一点://在屏幕上指定一点
指定下一点或 [放弃(U)]:
```

这时在屏幕上移动鼠标指明线段的方向，但不要单击确认，如图 1-23 所示，然后在命令行输入 10，这样就在指定方向上准确地绘制了长度为 10 毫米的线段。

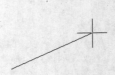

图 1-22　最近使用的命令　　　　　图 1-23　绘制直线

4．动态数据输入

（1）按下状态栏中的　按钮，打开动态输入功能，可以在屏幕上动态地输入某些参数数据。

例如，绘制直线时，在光标附近，会动态地显示"指定第一点"以及后面的坐标框，当前显示的是光标所在位置，可以输入数据，两个数据之间以逗号隔开，如图 1-24 所示。指定第一点后，系统动态显示直线的角度，同时要求输入线段长度值，如图 1-25 所示，其输入效果与"@长度<角度"方式相同。

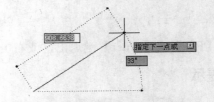

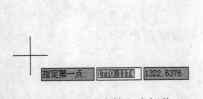

图 1-24　动态输入坐标值　　　　　图 1-25　动态输入长度值

（2）在命令行直接回车，表示重复执行上一次使用的"直线"命令，在绘图区指定一点作为线段的起点。

（3）在绘图区移动光标指明线段的方向，但不要单击，然后在命令行输入"10"，这样就在指定方向上准确地绘制了长度为 10mm 的线段，如图 1-26 所示。

图 1-26　绘制线段

模拟试题与上机实验 1

1．选择题

（1）调用 AutoCAD 命令的方法有（　　　）。

    A．在命令窗口输入命令名　　　　　　　　B．在命令窗口输入命令缩写字

    C．拾取下拉菜单中的菜单选项　　　　　　D．拾取工具栏中的对应图标

（2）正常退出 AutoCAD 的方法有（　　　）。

    A．使用 QUIT 命令　　　　　　　　　　　B．使用 EXIT 命令

    C．单击屏幕右上角的"关闭"按钮　　　　D．直接关机

（3）如果想要改变绘图区域的背景颜色，应该如何做？（　　　）

    A．在"选项"对话框"显示"选项卡中的"窗口元素"选项区域，单击"颜色"按
钮，在弹出的对话框中修改

    B．在 Windows 的"显示属性"对话框的"外观"选项卡中单击"高级"按钮，在弹
出的对话框中修改

    C．修改 SETCOLOR 变量的值

    D．在"特性"面板的"常规"选项区域，修改"颜色"值

（4）下面哪个选项可以将图形进行动态放大？（　　　）

    A．ZOOM/(D)　　　　B．ZOOM/(W)　　　　C．ZOOM/(E)　　　　D．ZOOM/(A)

（5）取世界坐标系的点（70，20）作为用户坐标系的原点，则用户坐标系的点（20，30）
的世界坐标为（　　　）。

    A．（50，50）　　　　B．（90，10）　　　　C．（20，30）　　　　D．（70，20）

（6）绘制一条直线，起点坐标为（57，79），线段长度 173，与 X 轴正向的夹角为 71°。
将线段分为 5 等份，从起点开始的第一个等分点的坐标为（　　　）。

    A．X = 113.3233，Y = 242.5747　　　　　B．X = 79.7336，Y = 145.0233

    C．X = 90.7940，Y = 177.1448　　　　　D．X = 68.2647，Y = 111.7149

2．上机实验题

实验 1　熟悉操作界面。

◆　目的要求

操作界面是用户绘制图形的平台，操作界面的各个部分都有其独特的功能，熟悉操作界面
有助于更加方便快速地进行绘图。本实验要求了解操作界面各部分功能，掌握改变绘图窗口颜
色和光标大小的方法，能够熟练地打开、移动和关闭工具栏。

◆　操作提示

（1）启动 AutoCAD 2014，进入绘图界面。

（2）调整操作界面大小。

（3）设置绘图窗口的颜色与光标大小。

（4）打开、移动和关闭工具栏。

（5）尝试同时利用命令行、下拉菜单和工具栏绘制一条线段。

实验 2　数据输入。

◆　目的要求

AutoCAD 2014 人机交互的最基本内容就是数据输入。本实验要求读者灵活熟练地掌握各种数据输入方法。

◆　操作提示

（1）在命令行输入 LINE 命令。

（2）输入起点的直角坐标方式下的绝对坐标值。

（3）输入下一点的直角坐标方式下的相对坐标值。

（4）输入下一点的极坐标方式下的绝对坐标值。

（5）输入下一点的极坐标方式下的相对坐标值。

（6）用鼠标直接指定下一点的位置。

（7）按下状态栏上的"正交"按钮，用鼠标拉出下一点的方向，在命令行输入一个数值。

（8）按下状态栏上的"动态输入"按钮，拖动鼠标，系统会动态显示角度，拖动到选定角度后，在长度文本框中输入长度值。

（9）回车结束绘制线段的操作。

实验 3　查看制式转换电路的细节。

如图 1-27 所示，打开教学资料包中"源文件/项目二"文件夹下的对应文件，利用平移工具和缩放工具移动和缩放图形。

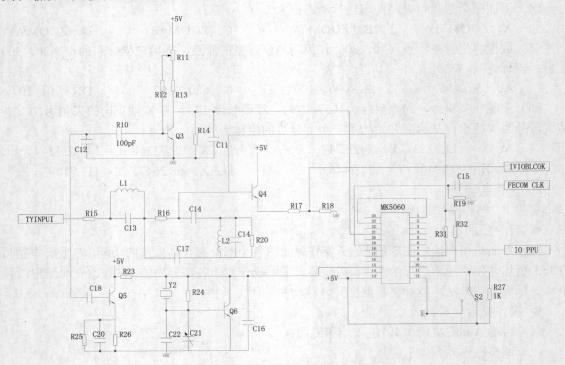

图 1-27　制式转换电路

◆ 目的要求

本实验要求读者能够熟练使用各种平移和缩放工具来灵活地显示图形。

◆ 操作提示

（1）利用平移工具对图形进行平移。

（2）综合利用各种缩放工具对图形细节进行缩放观察。

项目二　绘制简单电气图形符号

■【学习情境】

到目前为止，读者只是了解了 AutoCAD 的基本操作环境，熟悉了基本的命令和数据输入方法，还不知道怎样具体绘制各种电气图形，本项目就来解决这个基本问题。

AutoCAD 提供了大量的绘图工具，可以帮助用户完成各种简单电气图形的绘制。具体包括：点、直线、圆和圆弧、椭圆和椭圆弧、平面图形、图案填充、多段线和样条曲线等工具。

■【能力目标】

➢ 掌握直线类命令。
➢ 掌握圆类图形命令。
➢ 掌握平面图形命令。
➢ 掌握图案填充命令。
➢ 掌握多段线、样条曲线与多线命令。
➢ 熟悉文字输入。
➢ 熟悉表格功能。

■【课时安排】

8 课时（讲课 4 课时，练习 4 课时）

任务一　绘制动断（常闭）触点（直线命令）

■【任务背景】

所有电气图形符号都是由一些直线和曲线等图形单元组成，要绘制这些电气图形符号，自然要先学会绘制这些最简单的图形单元。其中最简单的图形单元就是直线，本任务就来学习"直线"命令。

本任务将通过动断（常闭）触点符号的绘制过程来熟练掌握"直线"命令的操作方法，也开始逐步了解简单电气符号的绘制方法。绘制流程如图 2-1 所示。

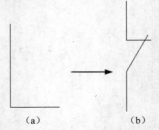

(a)　　　　　　(b)

图 2-1　动断（常闭）触点符号绘制流程

■【操作步骤】

（1）在命令行输入 LINE 命令或者选择"绘图"菜单中的"直线"命令，或者单击"绘图"工具栏中的"直线"按钮，绘制连续线段，命令行的提示与操作如下：

```
命令：_line
指定第一个点：0,0↙
指定下一点或 [放弃(U)]：0,-10↙
指定下一点或 [放弃(U)]：6,-10↙
指定下一点或 [闭合(C)/放弃(U)]：↙
```

效果如图 2-2 所示。

（2）继续单击"绘图"工具栏中的"直线"按钮，绘制剩余的直线，完成普通开关符号的绘制，命令行的提示与操作如下：

```
命令：↙ //直接回车表示执行上次执行的命令
LINE 指定第一个点：0,-28↙
指定下一点或 [放弃(U)]：0,-18↙
指定下一点或 [放弃(U)]：6,-8↙
指定下一点或 [闭合(C)/放弃(U)]：↙
```

效果如图 2-3 所示。

图 2-2　绘制连续线段　　　　　图 2-3　绘制剩余直线

■【知识点详解】

在绘制直线的命令行提示中，各个选项含义如下。

（1）若采用按回车键响应"指定第一个点"提示，系统会把上次绘制图线的终点作为本次图线的起始点。若上次操作为绘制圆弧，按回车键响应后、绘制通过圆弧终点并与该圆弧相切的直线段，该线段的长度为光标在绘图区指定的一点与切点之间线段的距离。

（2）在"指定下一点"提示下，用户可以指定多个端点，从而绘出多条直线段。但是，每一段直线是一个独立的对象，可以进行单独的编辑操作。

（3）绘制两条以上直线段后，若采用输入选项"C"响应"指定下一点"提示，系统会自动连接起始点和最后一个端点，从而绘制出封闭的图形。

（4）若采用输入选项"U"响应提示，则删除最近一次绘制的直线段。

（5）若设置正交方式（按下状态栏中的"正交模式"按钮），只能绘制水平线段或垂直线段。

（6）若设置动态数据输入方式（按下状态栏中的"动态输入"按钮），则可以动态输入坐标或长度值，效果与非动态数据输入方式类似。除了特别需要，以后不再强调，而只按非动态数据输入方式输入相关数据。

任务二　绘制信号灯（圆命令）

■【任务背景】

在电气图形符号绘制过程中，除了绘制直线外，还要经常绘制曲线。圆是最简单的曲线，AutoCAD 提供了"圆"命令绘制圆。

本任务将通过信号灯符号的绘制过程来熟练掌握"圆"命令的操作方法，也开始逐步了解简单电气符号的绘制方法。绘制流程如图 2-4 所示。

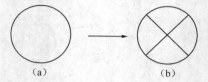

图 2-4　信号灯绘制流程

■【操作步骤】

（1）绘制圆。在命令行输入 CIRCLE 命令或者选择"绘图"菜单中的"圆→圆心、半径"命令，或者单击"绘图"工具栏中的"圆"按钮⊙，在屏幕中适当位置绘制一个半径为 5mm的圆，命令行提示与操作如下：

```
命令: _circle
指定圆的圆心或 [三点(3P)/两点(2P)/切点、切点、半径(T)]: 50,50↙
指定圆的半径或 [直径(D)]: 5↙
```

结果如图 2-5（a）所示。

（2）绘制灯芯线。单击"绘图"工具栏中的"直线"按钮╱，在圆内绘制直线 1，命令行提示与操作如下：

```
命令: _line
指定第一个点: 50,50↙
指定下一点或 [放弃(U)]: @5<45↙
指定下一点或 [放弃(U)]: ↙
```

同理，继续使用直线命令，以（50,50）为直线的起点，分别绘制与水平方向成135°、225°、315°，长度都为5mm 的直线 2、3 和 4，完成灯芯线的绘制，结果如图 2-5（b）所示。

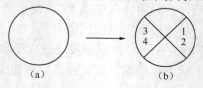

图 2-5　绘制信号灯

■【知识点详解】

在绘制圆的命令行提示中，各个选项含义如下。

（1）三点(3P)，指定圆周上的三点画圆。

（2）两点(2P)，指定直径的两端点画圆。

（3）切点、切点、半径(T)，用先指定两个相切对象，后给出半径的方法画圆。如图 2-6（a）～（d）所示给出了以"切点、切点、半径"方式绘制圆的各种情形（其中加黑的圆为最后绘制的圆）。

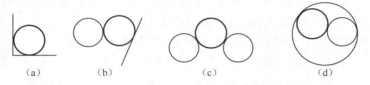

图 2-6 圆与另外两个对象相切的各种情形

（4）选择菜单栏中的"绘图"→"圆"命令，在子菜单中选择"相切、相切、相切"命令，如图 2-7 所示，命令行提示如下：

```
指定圆上的第一个点：_tan 到：（指定相切的第一个圆弧）
指定圆上的第二个点：_tan 到：（指定相切的第二个圆弧）
指定圆上的第三个点：_tan 到：（指定相切的第三个圆弧）
```

图 2-7 "相切、相切、相切"命令

任务三 绘制壳体（圆弧命令）

■【任务背景】

圆弧是圆的一部分，也可以说是另外一种曲线，在电气图形符号绘制过程中，除了绘制直线和圆外，有时候还需要绘制圆弧，AutoCAD 提供了"圆弧"命令绘制圆弧。

本任务将通过壳体符号（如图 2-8 所示）的绘制过程来熟练掌握"圆弧"命令的操作方法。

图 2-8　壳体

■【操作步骤】

（1）单击"绘图"工具栏中的"直线"按钮，绘制两条直线，端点坐标值为{（100，130），（150，130）}和{（100，100），（150，100）}。

（2）在命令行输入 ARC 命令或者选择"绘图"菜单中的"圆弧→起点，端点，方向"命令，或者单击"绘图"工具栏中的"圆弧"按钮，绘制第一段圆弧，命令行提示与操作如下：

```
命令：ARC↙
指定圆弧的起点或 [圆心（C）]:100,130↙
指定圆弧的第二点或 [圆心（C）/端点（E）]:E↙
指定圆弧的端点:100,100↙
指定圆弧的圆心或[角度（A）/方向（D）/半径（R）]: D↙
指定圆弧的半径: 15↙
```

（3）单击"绘图"工具栏中的"圆弧"按钮，绘制另一段圆弧，命令行提示与操作如下：

```
命令：ARC↙
指定圆弧的起点或 [圆心（C）]:150,130↙
指定圆弧的第二点或 [圆心（C）/端点（E）]:E↙
指定圆弧的端点:150,100↙
指定圆弧的圆心或[角度（A）/方向（D）/半径（R）]: A↙
指定包含角: -180↙
```

最终结果如图 2-8 所示。

 注意

绘制圆弧时，注意圆弧的曲率是遵循逆时针方向的，所以在采用指定圆弧两个端点和半径模式时，需要注意端点的指定顺序，否则有可能导致圆弧的凹凸形状与预期的相反。

■【知识点详解】

在绘制圆弧的命令行提示中，各个选项含义如下。

（1）用命令行方式画圆弧时，可以根据系统提示选择不同的选项，具体功能和用"绘制"菜单的"圆弧"子菜单提供的 11 种方式相似。这 11 种方式如图 2-9（a）～（k）所示。

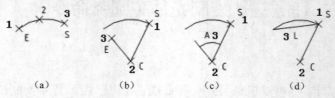

图 2-9　11 种绘制圆弧的方法

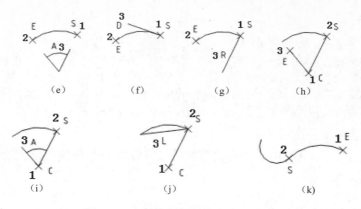

图 2-9　11 种绘制圆弧的方法（续）

（2）需要强调的是"继续"方式，绘制的圆弧与上一线段或圆弧相切，因此继续画圆弧段，提供端点即可。

任务四　绘制感应式仪表（椭圆、圆环命令）

■【任务背景】

椭圆和圆环是绘图过程中经常用到的两种特殊曲线，AutoCAD 提供了"椭圆"命令和"圆环"命令绘制椭圆和圆环。

本任务将通过感应式仪表符号的绘制过程来熟练掌握"椭圆"和"圆环"命令的操作方法，具体的绘制流程如图 2-10 所示。

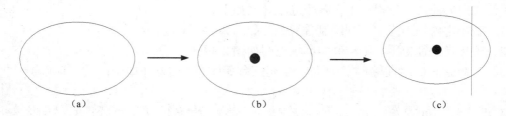

图 2-10　感应式仪表绘制流程

■【操作步骤】

（1）在命令行输入 ELLIPSE 命令或者选择"绘图"菜单中的"椭圆"命令，或者单击"绘图"工具栏"椭圆"按钮 ⬮，绘制椭圆。命令行提示与操作如下：

```
命令: _ellipse
指定椭圆的轴端点或 [圆弧(A)/中心点(C)]:    //适当指定一点为椭圆的轴端点
指定轴的另一个端点:                      //在水平方向指定椭圆轴的另一个端点
指定另一条半轴长度或 [旋转(R)]:          //适当指定一点，以确定椭圆另一条半轴的长度
```

结果如图 2-11 所示。

（2）在命令行输入 DONUT 命令或者选择"绘图"菜单中的"圆环"命令，绘制实心圆环，

命令行提示与操作如下：

```
命令：_donut
指定圆环的内径 <0.5000>: 0↙
指定圆环的外径 <1.0000>:150↙
指定圆环的中心点或 <退出>: //大约指定椭圆的圆心位置
指定圆环的中心点或 <退出>:↙
```

结果如图 2-12 所示。

（3）单击"绘图"工具栏中的"直线"按钮，在实心圆环偏右位置绘制一条竖直直线，最终结果如图 2-13 所示。

 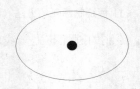 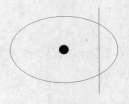

图 2-11　绘制椭圆　　　　图 2-12　绘制实心圆环　　　　图 2-13　绘制竖直直线

 注意

在绘制圆环时，可能仅仅一次无法准确确定圆环外径大小以确定圆环与椭圆的相对大小，可以通过多次绘制的方法找到一个相对合适的外径值。

【知识点详解】

1. 圆环

在绘制圆环的命令行提示中，各个选项含义如下。

（1）若指定内径不为零，则绘制普通圆环如图 2-14（a）所示。

（2）若指定内径为零，则绘制实心填充圆如图 2-14（b）所示。

（3）用命令 FILL 可以控制圆环是否填充，命令行提示与操作如下：

```
命令：FILL↙
输入模式 [开(ON)/关(OFF)] <开>: //选择 ON 表示填充，选择 OFF 表示不填充，如图 2-14（c）
所示
```

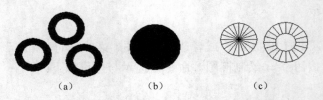

(a)　　　　　　(b)　　　　　　(c)

图 2-14　绘制圆环

2. 椭圆与椭圆弧

在绘制椭圆的命令行提示中，各个选项含义如下。

（1）椭圆的轴端点：根据两个端点定义椭圆的第一条轴。第一条轴的角度确定了整个椭圆的角度。第一条轴既可定义椭圆的长轴也可定义短轴。

（2）旋转(R)：通过绕第一条轴旋转圆来创建椭圆。相当于将一个圆绕椭圆轴翻转一个角度后的投影视图。

（3）中心点(C)：通过指定的中心点创建椭圆。

（4）圆弧(A)：该选项用于创建一段椭圆弧。与"绘制"菜单中的"椭圆弧"功能相同。其中第一条轴的角度确定了椭圆弧的角度。第一条轴既可定义椭圆弧长轴也可定义椭圆弧短轴。选择该项，命令行继续提示如下：

指定椭圆弧的轴端点或 [中心点(C)]：	//指定端点或输入 C
指定轴的另一个端点：	//指定另一端点
指定另一条半轴长度或 [旋转(R)]：	//指定另一条半轴长度或输入 R
指定起始角度或 [参数(P)]：	//指定起始角度或输入 P
指定终止角度或 [参数(P)/包含角度(I)]：	

其中各选项含义如下。

① 起始/终止角度：指定椭圆弧端点的两种方式之一，光标与椭圆中心点连线的夹角为椭圆端点位置的角度，如图 2-15 所示。

② 参数(P)：指定椭圆弧端点的另一种方式，该方式同样是指定椭圆弧端点的角度，但通过矢量参数方程式创建椭圆弧：

图 2-15　椭圆弧

$$p(u)=c+a* \cos(u)+b* \sin(u)$$

其中，c 是椭圆的中心点，a 和 b 分别是椭圆的长轴和短轴。u 为光标与椭圆中心点连线的夹角。

③ 包含角度(I)：定义从起始角度开始的包含角度。

任务五　绘制非门符号（矩形命令）

■【任务背景】

矩形是一种最简单的组合图形符号，可以看成是线段的组合，AutoCAD 提供了"矩形"命令绘制矩形。

本任务将通过非门符号的绘制过程来熟练掌握"矩形"命令的操作方法，具体的绘制流程如图 2-16 所示。

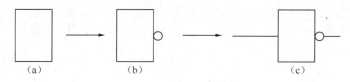

图 2-16　非门符号绘制流程

■【操作步骤】

（1）在命令行输入 RECTANG 命令或者选择"绘图"菜单中的"矩形"命令，或者单击"绘图"工具栏中的"矩形"按钮□，绘制外框。命令行提示与操作如下：

```
命令：RECTANG↙
指定第一个角点或 [倒角(C)/标高(E)/圆角(F)/厚度(T)/宽度(W)]：100,100↙
指定另一个角点或 [面积(A)/尺寸(D)/旋转(R)]：140,160↙
```

结果如图 2-17 所示。

（2）单击"绘图"工具栏中的"圆"按钮⊙，绘制圆。命令行提示与操作如下：

```
命令：_circle
指定圆的圆心或 [三点(3P)/两点(2P)/切点、切点、半径(T)]：2p↙
指定圆直径的第一个端点：140,130↙
指定圆直径的第二个端点：148,130↙
```

绘制结果如图 2-18 所示。

（3）单击"绘图"工具栏中的"直线"按钮✏，绘制两条直线，端点坐标分别为{（100，130），（40，130）}和{（148，130），（168，130）}，绘制结果如图 2-19 所示。

图 2-17　绘制矩形　　图 2-18　绘制圆　　图 2-19　绘制直线

【知识点详解】

在绘制矩形的命令行提示中，各个选项含义如下。

（1）第一个角点：通过指定两个角点确定矩形，如图 2-20（a）所示。

（2）倒角(C)：指定倒角距离，绘制带倒角的矩形如图 2-20（b）所示，每一个角点的逆时针和顺时针方向的倒角可以相同，也可以不同，其中第一个倒角距离是指角点逆时针方向倒角距离，第二个倒角距离是指角点顺时针方向倒角距离。

（3）标高(E)：指定矩形标高（Z 坐标），即把矩形画在标高为 Z，和 XOY 坐标面平行的平面上，并作为后续矩形的标高值。

（4）圆角(F)：指定圆角半径，绘制带圆角的矩形，如图 2-20（c）所示。

（5）厚度(T)：指定矩形的厚度，如图 2-20（d）所示。

（6）宽度(W)：指定线宽，如图 2-20（e）所示。

（7）面积(A)：指定面积和长或宽创建矩形。选择该项，命令行提示如下：

```
输入以当前单位计算的矩形面积 <20.0000>：          //输入面积值
计算矩形标注时依据 [长度(L)/宽度(W)] <长度>：       //回车或输入 W
输入矩形长度 <4.0000>：                          //指定长度或宽度
```

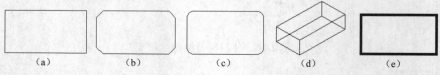

（a）　　　　（b）　　　　（c）　　　　（d）　　　　（e）

图 2-20　绘制矩形

指定长度或宽度后，系统自动计算另一个维度后绘制出矩形。如果矩形带倒角或圆角，则长度或宽度计算中会考虑此设置。如图 2-21 所示。

（8）尺寸(D)：使用长和宽创建矩形。第二个指定点将矩形定位在与第一角点相关的四个位置之一内。

（9）旋转（R）：旋转所绘制的矩形的角度。选择该项，命令行提示如下：

```
指定旋转角度或 [拾取点(P)] <135>：        //指定角度
指定另一个角点或 [面积(A)/尺寸(D)/旋转(R)]：//指定另一个角点或选择其他选项
```

指定旋转角度后，系统按指定角度创建矩形，如图 2-22 所示。

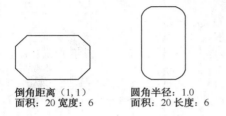 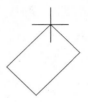

倒角距离（1,1）   圆角半径：1.0
面积：20 宽度：6   面积：20 长度：6

图 2-21　按面积绘制矩形   图 2-22　按指定旋转角度创建矩形

任务六　绘制壁龛交接箱（图案填充命令）

【任务背景】

在绘制电气图形符号时，有时会碰到类似于剖面线的规则重复的图线绘制，这时使用前面学的绘图命令绘制会很麻烦。为了解决这个问题，AutoCAD 提供了"图案填充"命令。

本任务将通过壁龛交接箱的绘制过程来熟练掌握"图案填充"命令的操作方法，具体的绘制流程如图 2-23 所示。

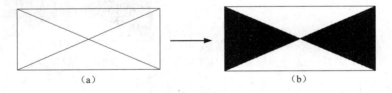

(a)   (b)

图 2-23　壁龛交接箱绘制流程

【操作步骤】

（1）单击"绘图"工具栏中的"矩形"按钮▢和"直线"按钮╱，绘制初步图形，如图 2-24 所示。

（2）在命令行输入 BHATCH 命令或者选择"绘图"菜单中的"图案填充"命令，或者单击"绘图"工具栏中的"图案填充"按钮▨（或"渐变色"按钮▨），打开"图案填充和渐变色"对话框，如图 2-25 所示。单击"图案"选项后面的▨按钮，打开"填充图案选项板"对话框，选择"SOLID"图案类型，单击"确定"按钮退出。

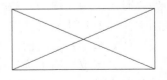

图 2-24　绘制外形

图 2-25 "图案填充和渐变色"对话框

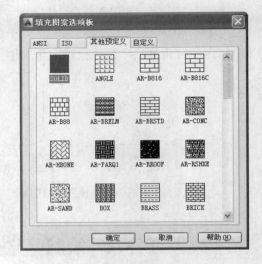

图 2-26 "填充图案选项板"对话框

（3）在"图案填充和渐变色"对话框"边界"区域中单击按钮，在填充区域拾取点，拾取后，包围该点的区域就被选取为填充区域，如图 2-27 所示。

（4）按回车键回到"图案填充和渐变色"对话框，单击"确定"按钮完成图案的填充，结果如图 2-28 所示。

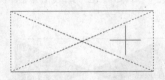

图 2-27 选取填充区域

图 2-28 填充图案

【知识点详解】

"图案填充和渐变色"对话框中各选项和按钮的含义如下。

1．"图案填充"选项卡

此选项卡下的各选项用来确定图案及其参数。其中各选项含义如下。

（1）类型：用于确定填充图案的类型及图案。在下拉列表中，"用户定义"选项表示用户要临时定义填充图案，与命令行方式中的"U"选项作用一样；"自定义"选项表示选用 ACAD.pat 图案文件或其他图案文件（.pat 文件）中的图案填充；"预定义"选项表示用 AutoCAD 标准图案文件（ACAD.pat 文件）中的图案填充。

（2）图案：用于确定标准图案文件中的填充图案。选取所需要的填充图案后，在"样例"中的图像框内会显示出该图案。只有用户在"类型"中选择了"预定义"选项后，此项才以正常亮度显示。

如果选择的图案类型是"预定义"，单击"图案"下拉列表框右边的 [...] 按钮，会弹出如图 2-26 所示的对话框，用户可从中选择需要的图案。

（3）颜色：使用填充图案和实体填充的指定颜色替代当前颜色。

（4）样例：此选项用来显示样本图案。

（5）自定义图案：用于选取用户定义的填充图案。只有在"类型"下拉列表框中选用"自定义"选项后，该项才以正常亮度显示。

（6）角度：用于确定填充图案时的旋转角度。

（7）比例：用于确定填充图案的比例值。每种图案在定义时的初始比例为 1，用户可以根据需要放大或缩小。

2．"渐变色"选项卡

渐变色是指从一种颜色到另一种颜色的平滑过渡。渐变色能产生光的效果，可为图形添加视觉效果。选择此选项卡，"图案填充和渐变色"对话框如图 2-29 所示，可以设置各种颜色效果。

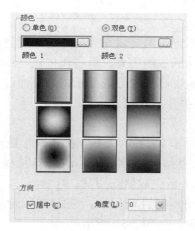

图 2-29 "渐变色"选项卡

3．"边界"选项区域

（1）"添加：拾取点"：以点取点的形式自动确定填充区域的边界。在填充的区域内任意点单击，系统会自动确定出包围该点的封闭填充边界，并且以高亮度显示（如图 2-30 所示）。

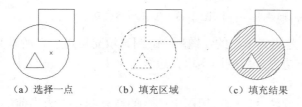

（a）选择一点　　　（b）填充区域　　　（c）填充结果

图 2-30 边界确定

（2）"添加：选择对象"：以选取对象的方式确定填充区域的边界。可以根据需要选取构成填充区域的边界。同样，被选择的边界也会以高亮度显示（如图 2-31 所示）。

（a）原始图形　　　　（b）选取边界对象　　　　（c）填充结果

图 2-31　选取边界对象

（3）删除边界：从边界定义中删除以前添加的任何对象（如图 2-32 所示）。

（a）选取边界对象　　　　（b）删除边界　　　　（c）填充结果

图 2-32　删除边界

（4）重新创建边界：围绕选定的图案填充或填充对象创建多段线或面域。

（5）查看选择集：观看填充区域的边界。单击该按钮，AutoCAD 临时切换到作图屏幕，将所选择的作为填充边界的对象以高亮度方式显示。只有通过"拾取点"按钮或"选择对象"按钮选取了填充边界，"查看选择集"按钮才可以使用。

4．"选项"选项区域

（1）关联：用于确定填充图案与边界的关系。若选择此复选框，那么填充的图案与填充边界保持着关联关系，即图案填充后，当用钳夹（Grips）功能对边界进行拉伸等编辑操作时，AutoCAD 会根据边界的新位置重新生成填充图案。

（2）创建独立的图案填充：控制当指定了几个独立的闭合边界时，是创建单个图案填充对象，还是创建多个图案填充对象，如图 2-33 所示。

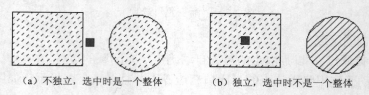

（a）不独立，选中时是一个整体　　　　（b）独立，选中时不是一个整体

图 2-33　独立与不独立

（3）绘图次序：指定图案填充的绘图顺序。图案填充可以放在所有其他对象之后，所有其他对象之前，图案填充边界之后或图案填充边界之前。

5．"继承特性"按钮

此按钮的作用是继承特性，即选用图中已有的填充图案作为当前的填充图案。

6．孤岛

（1）孤岛显示样式：用于确定图案的填充方式。位于总填充域内的封闭区域称为孤岛，如图 2-34 所示。

AutoCAD 系统为用户设置了如图 2-35 所示的 3 种填充方式实现对填充范围的控制。

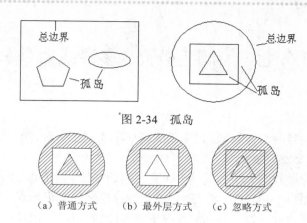

图 2-34 孤岛

(a) 普通方式 　　(b) 最外层方式 　　(c) 忽略方式

图 2-35 填充方式

用户可以从中选取所需的填充方式。默认的填充方式为"普通"。

（2）孤岛检测：确定是否检测孤岛。

7．编辑图案填充

在命令行输入 HATCHEDIT 命令或者选择"修改"菜单中的"对象→图案填充"命令，或者单击"修改 II"工具栏中的"编辑图案填充"按钮，可以对现有图案填充进行编辑，如现有图案填充或填充的图案、比例和角度。

执行上述命令后，命令行提示：

选择图案填充对象：

选取图案填充对象后，系统打开如图 2-36 所示的"图案填充编辑"对话框。其中只有正常显示的选项才可以对其操作。该对话框中各项的含义与"图案填充和渐变色"对话框中各项的含义相同。利用该对话框，可以对已填充的图案进行一系列的编辑修改。

图 2-36 "图案填充编辑"对话框

任务七　绘制三极管（多段线命令）

■【任务背景】

在绘制电气图形符号时,有时会碰到连接线粗细不相同等情况,为了方便这种图线的绘制,AutoCAD 提供了"多段线"命令。

多段线是一种由线段和圆弧组合而成,线宽不同的多线,这种线由于其组合形式多样,线宽不同,弥补了直线或圆弧功能的不足,适合绘制各种复杂的图形轮廓,因而得到广泛的应用。

本任务将通过三极管的绘制过程来熟练掌握"多段线"命令的操作方法,具体的绘制流程如图 2-37 所示。

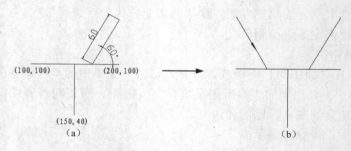

图 2-37　三极管绘制流程

■【操作步骤】

(1) 单击"绘图"工具栏中的"直线"按钮，绘制隔层、基极和集电极,位置参数如图 2-38 所示。通常采用两点确定一条直线的方式绘制直线,第一个端点可由光标拾取或者在命令行中输入绝对或相对坐标,第二个端点可按同样的方式输入。命令行提示与操作如下:

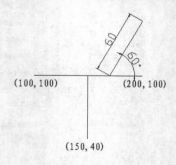

图 2-38　位置参数

```
命令: line↙
指定第一点: 100,100↙
指定下一点或 [放弃(U)]: 200,100↙
指定下一点或 [放弃(U)]: ↙
命令: line↙
指定第一点: 150,40↙
```

```
指定下一点或 [放弃(U)]: 150,100✓
指定下一点或 [放弃(U)]: ✓
命令: line✓
指定第一点: 160,100✓
指定下一点或 [放弃(U)]: @60<60✓
指定下一点或 [放弃(U)]: ✓
```

（2）在命令行输入 PLINE 命令或者选择"绘图"菜单中的"多段线"命令，或者单击"绘图"工具栏中的"多段线"按钮 ⟳ ，可以连续绘制多段直线，并且可以修改线宽，其很重要的一个用途就是绘制箭头等符号。命令行提示与操作如下：

```
命令: _pline
指定起点: 130,100✓                         //指定多段线的起点
当前线宽为 0.0000                          //接受系统默认线宽
指定下一个点或 [圆弧(A)/半宽(H)/长度(L)/放弃(U)/宽度(W)]: @20<120✓ //绘制发射极根部
长 20mm 的小段直线，与 X 轴正方向成 120°夹角
指定下一点或 [圆弧(A)/闭合(C)/半宽(H)/长度(L)/放弃(U)/宽度(W)]: w✓
指定起点宽度 <0.0000>: ✓
指定端点宽度 <0.0000>: 1.5✓                //修改线宽，起始线宽为默认值，结束线宽为 1.5
指定下一点或 [圆弧(A)/闭合(C)/半宽(H)/长度(L)/放弃(U)/宽度(W)]: @10<120✓ //绘制箭
头，长 10mm，与 X 轴正方向成 120°夹角
指定下一点或 [圆弧(A)/闭合(C)/半宽(H)/长度(L)/放弃(U)/宽度(W)]: w✓
指定起点宽度 <1.5000>: 0✓
指定端点宽度 <0.0000>: ✓                   //（把线宽改成缺省值）
指定下一点或 [圆弧(A)/闭合(C)/半宽(H)/长度(L)/放弃(U)/宽度(W)]: @30<120✓ //绘制集电
极头部小段直线
```

绘制完成的 PNP 三极管符号如图 2-39 所示。

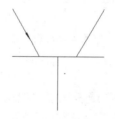

图 2-39　PNP 三极管符号

【知识点详解】

多段线主要由连续的不同宽度的线段或圆弧组成，如果在上述提示中选择"圆弧"，则命令行提示如下：

指定圆弧的端点或[角度(A)/圆心(CE)/方向(D)/半宽(H)/直线(L)/半径(R)/第二个点(S)/放弃(U)/宽度(W)]:

绘制圆弧的方法与"圆弧"命令相似。

任务八　绘制整流器框形符号（样条曲线）

■【任务背景】

AutoCAD 使用一种称为"非一致有理 B 样条(NURBS)"曲线的特殊样条曲线类型。NURBS 曲线在控制点之间产生一条光滑的曲线如图 2-40 所示。样条曲线可用于创建形状不规则的曲线，例如为地理信息系统（GIS）应用或汽车设计绘制轮廓线。

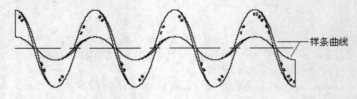

图 2-40　样条曲线

本任务将通过整流器框形符号的绘制过程来熟练掌握"样条曲线"命令的操作方法，具体的绘制流程如图 2-41 所示。

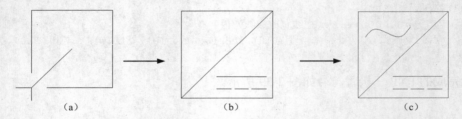

（a）　　　　　　　　　　（b）　　　　　　　　　　（c）

图 2-41　整流器框形符号绘制流程

■【操作步骤】

（1）在命令行输入 POLYGON 命令或者选择"绘图"菜单中的"多边形"命令，或者单击"绘图"工具栏中的"多边形"按钮⬠，绘制正方形。命令行提示与操作如下：

```
命令：_polygon
输入侧面数 <4>：✓
指定正多边形的中心点或 [边(E)]：//在绘图屏幕适当指定一点
输入选项 [内接于圆(I)/外切于圆(C)] <I>:C✓
指定圆的半径：//适当指定一点作为外接圆半径，使正四边形边大概处于垂直正交位置，如图 2-42 所示
```

（2）单击"绘图"工具栏中的"直线"按钮╱，绘制 3 条直线，并将其中一条直线设置为虚线（后面有详细讲述，在此暂且忽略），如图 2-43 所示。

（3）在命令行输入 SPLINE 命令或者选择"绘图"菜单中的"样条曲线"命令，或者单击"绘图"工具栏中的"样条曲线"按钮∿，绘制所需曲线，命令行提示与操作如下：

```
命令：_spline
当前设置：方式=拟合    节点=弦
指定第一个点或 [方式(M)/节点(K)/对象(O)]:指定下一点：    //指定一点
```

指定下一点或[起点切向(T)/公差(L)]:	//适当指定一点
指定下一点或[端点相切(T)/公差(L)/放弃(U)]:	//适当指定一点
指定下一点或[端点相切(T)/公差(L)/放弃(U)/闭合(C)]:	//适当指定一点
指定下一点或[端点相切(T)/公差(L)/放弃(U)/闭合(C)]:	//适当指定一点
指定下一点或[端点相切(T)/公差(L)/放弃(U)/闭合(C)]:	

最终结果如图 2-44 所示。

 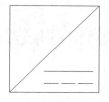 

图 2-42　绘制正四边形　　　　　图 2-43　绘制直线　　　　　图 2-44　绘制样条曲线

■【知识点详解】

1. 多边形

在绘制多边形的命令行提示中，各个选项含义如下。

（1）边（E）：指只要指定多边形的一条边，系统就会按逆时针方向创建该正多边形，如图 2-45（a）所示。

（2）内接于圆（I）：指绘制的多边形内接于圆，如图 2-45（b）所示。

（3）外切于圆（C）：指绘制的多边形内接于圆，如图 2-45（c）所示。

（a）　　　　　　　　　　（b）　　　　　　　　　　（c）

图 2-45　绘制多边形

2. 样条曲线

在绘制样条曲线的命令行提示中，各个选项含义如下。

（1）方式（M）：控制是使用拟合点还是使用控制点来创建样条曲线。

（2）节点（K）：指定节点参数化，它会影响曲线在通过拟合点时的形状。

（3）对象（O）：将二维或三维的二次或三次样条曲线拟合多段线转换为等价的样条曲线，然后（根据 DELOBJ 系统变量的设置）删除该多段线。

（4）起点切向（T）：定义样条曲线的第一点和最后一点的切向。如果在样条曲线的两端都指定切向，可以输入一个点或使用"切点"和"垂足"对象捕捉模式使样条曲线与已有的对象相切或垂直。如果按回车键，系统将计算默认切向。

（5）端点相切（T）：停止基于切向创建曲线。可通过指定拟合点继续创建样条曲线。

（6）公差（L）：指定距样条曲线必须经过的指定拟合点的距离。公差应用于除起点和端点外的所有拟合点。

（7）闭合（C）：将最后一点定义与第一点一致，并使其在连接处相切，以闭合样条曲线。选择该项，命令行提示如下：

指定切向：　　//指定点或按回车键

如果在样条曲线的两端都指定切向，可以通过输入一个点或者使用"切点"和"垂足"对象来捕捉模式使样条曲线与已有的对象相切或垂直。如果按回车键，系统将计算默认切向。

任务九　绘制墙体（构造线、多线命令）

■【任务背景】

构造线是指在两个方向上无限延长的直线。构造线主要用作绘图时的辅助线。当绘制多视图时，为了保持投影联系，可先绘制若干条构造线，再以构造线为基准绘图。

多线是一种复合线，由连续的直线段复合组成。这种线的突出优点是能够提高绘图效率，保证图线之间的统一性，建筑电气工程图中建筑墙体的设置过程需要大量用到这种命令。

本任务将通过墙体的绘制过程来熟练掌握"构造线"和"多线"相关命令的操作方法，也进一步了解简单建筑电气工程图中建筑结构的绘制方法。具体的绘制流程如图 2-46 所示。

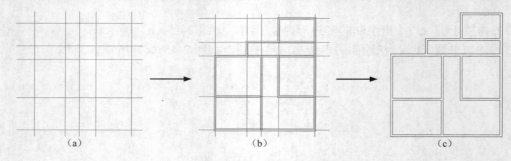

图 2-46　墙体绘制流程

■【操作步骤】

（1）在命令行输入 XLINE 命令或者选择"绘图"菜单中的"构造线"命令，或者单击"绘图"工具栏中的"构造线"按钮，绘制一条水平构造线和一条竖直构造线，组成"十"字辅助线。命令行提示与操作如下：

```
命令：_xline
指定点或 [水平(H)/垂直(V)/角度(A)/二等分(B)/偏移(O)]：h↙
指定通过点：　　//适当指定一点
指定通过点：↙
命令：_xline
指定点或 [水平(H)/垂直(V)/角度(A)/二等分(B)/偏移(O)]：v↙
指定通过点：　　//适当指定一点
指定通过点：↙
```

结果如图 2-47 所示。

（2）单击"绘图"工具栏中的"构造线"按钮 ，绘制辅助线。命令行提示与操作如下：

```
命令：XLINE↙
指定点或 [水平(H)/垂直(V)/角度(A)/二等分(B)/偏移(O)]：O↙
指定偏移距离或 [通过(T)] <通过>：4500↙
选择直线对象：         //选择刚绘制的水平构造线
指定向哪侧偏移：       //指定右边一点
选择直线对象：         //继续选择刚绘制的水平构造线
……
```

重复"构造线"命令，将偏移的水平构造线依次向上偏移 5100、1800 和 3000，绘制的水平构造线如图 2-48 所示。重复"构造线"命令，将竖直构造线依次向右偏移 3900、1800、2100和 4500，结果如图 2-49 所示。

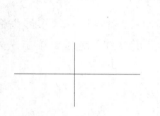

图 2-47　"十"字辅助线

图 2-48　水平构造线

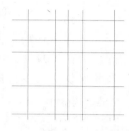

图 2-49　辅助线网格

（3）在命令行输入 MLSTYLE 命令或者选择菜单栏中的"格式"→"多线样式"命令，打开"多线样式"对话框，在该对话框中单击"新建"按钮，打开"创建新的多线样式"对话框，在"新样式名"文本框中输入"墙体线"。单击"继续"按钮，打开"新建多线样式：墙体线"对话框，进行如图 2-50 所示的参数设置。

（4）在命令行输入 MLINE 命令或者选择菜单栏中的"绘图"→"多线"命令，绘制多线墙体。命令行提示与操作如下：

```
命令：MLINE↙
当前设置：对正 = 上，比例 = 20.00，样式 = STANDARD
指定起点或 [对正(J)/比例(S)/样式(ST)]：S↙
输入多线比例 <20.00>：1↙
当前设置：对正 = 上，比例 = 1.00，样式 = STANDARD
指定起点或 [对正(J)/比例(S)/样式(ST)]：J↙
输入对正类型 [上(T)/无(Z)/下(B)] <上>：Z↙
当前设置：对正 = 无，比例 = 1.00，样式 = STANDARD
指定起点或 [对正(J)/比例(S)/样式(ST)]：//在绘制的辅助线交点上指定一点
指定下一点：             //在绘制的辅助线交点上指定下一点
指定下一点或 [放弃(U)]：  //在绘制的辅助线交点上指定下一点
指定下一点或 [闭合(C)/放弃(U)]： //在绘制的辅助线交点上指定下一点
……
指定下一点或 [闭合(C)/放弃(U)]：C↙
```

重复"多线"命令，根据辅助线网格绘制多线，绘制结果如图 2-51 所示。

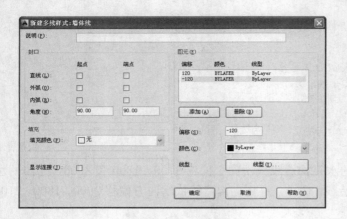

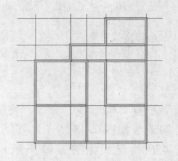

图 2-50　多线样式参数设置　　　　　　　　　图 2-51　全部多线绘制结果

（5）在命令行输入 MLEDIT 命令或者选择菜单栏中的"修改"→"对象"→"多线"命令，打开"多线编辑工具"对话框，如图 2-52 所示。选择其中的"T 形合并"选项，单击"关闭"按钮确认，命令行提示与操作如下：

```
命令：MLEDIT↙
选择第一条多线：              //选择多线
选择第二条多线：              //选择多线
选择第一条多线或 [放弃(U)]：  //选择多线
……
选择第一条多线或 [放弃(U)]：↙
```

重复"多线"命令，继续进行多线编辑，最终效果如图 2-53 所示。

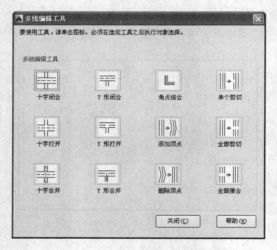

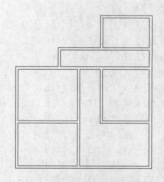

图 2-52　"多线编辑工具"对话框　　　　　　　图 2-53　墙体最终效果

【知识点详解】

1．构造线

在绘制构造线的命令行提示中，执行选项中有"指定点""水平（H）""垂直（V）""角度（A）""二等分（B）"和"偏移（O）"6 种方式可以绘制构造线，绘制的构造线分别如图 2-54 所示。

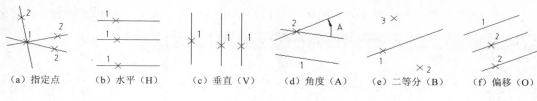

| (a) 指定点 | (b) 水平 (H) | (c) 垂直 (V) | (d) 角度 (A) | (e) 二等分 (B) | (f) 偏移 (O) |

图 2-54 构造线

2. 多线

在绘制构造线的命令行提示中,各选项含义如下。

(1)对正(J):该项用于给定绘制多线的基准。共有 3 种对正类型"上""无"和"下"。其中,"上(T)"表示以多线上侧的线为基准,依次类推。

(2)比例(S):选择该项,要求用户设置平行线的间距。输入值为零时平行线重合,值为负时多线的排列倒置。

(3)样式(ST):该项用于设置当前使用的多线样式。

任务十 绘制交流电动机符号(文字命令)

■【任务背景】

在制图过程中文字传递了很多设计信息,它可能是一个很长很复杂的说明,也可能是一个简短的文字信息。当需要标注的文本不太长时,可以利用 TEXT 命令创建单行文本。当需要标注很长、很复杂的文字信息时,用户可以用 MTEXT 命令创建多行文本。

本任务将通过交流电动机符号的绘制过程来熟练掌握文字相关命令的操作方法。具体的绘制流程如图 2-55 所示。

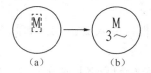

图 2-55 交流电动机符号绘制流程

■【操作步骤】

(1)绘制圆。单击"绘图"工具栏中的"圆"按钮⊘,命令行提示与操作如下:

```
命令: _circle
指定圆的圆心或 [三点(3P)/两点(2P)/切点、切点、半径(T)]: 100,100↙ //圆心坐标为(100,
100)
指定圆的半径或 [直径(D)]: 20↙ //输入半径值20
```

(2)设置文字样式。在命令行输入 STYLE(或 DDSTYLE)命令或者选择"格式"菜单中的"文字样式"命令,或者单击"文字"工具栏中的"文字样式"按钮Ａ,打开"文字样式"对话框,如图 2-56 所示,设置"字体名"为"T 仿宋_GB2312","高度"为 10,"宽度因子"为 0.7,单击"置为当前"按钮,弹出系统提示框,如图 2-57 所示,单击"是"按钮,"文字样式"对话框中的"取消"按钮变为"关闭"按钮，单击该按钮，完成文字样式设置。

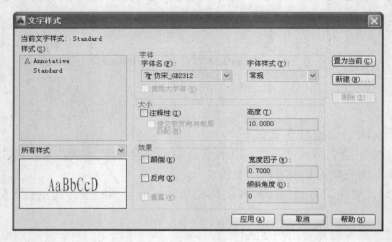

图 2-56 "文字样式"对话框　　　　　　　　　　　　图 2-57 提示框

提示

电气制图标准规定文字的高宽比为 0.7，所以这里设置宽度因子为 0.7。

（3）输入单行文字。在命令行输入 TEXT(或 DTEXT)命令或者选择"绘图"菜单中的"文字"→"单行文字"命令，或者单击"文字"工具栏中的"单行文字"按钮**A**，命令行提示与操作如下：

```
命令：_text
当前文字样式： "Standard"  文字高度： 10.0000  注释性： 否  对正： 左
指定文字的起点或 [对正(J)/样式(S)]://适当指定一点,此点为输入文字的左下角点
指定文字的旋转角度 <0>://
```

此时指定的位置出现一个输入框，输入文字 M，如图 2-58 所示，然后移动鼠标到别的位置，回车，完成文字 M 的输入。

（4）输入多行文字。在命令行输入 MTEXT 命令或者选择"绘图"菜单中的"文字"→"多行文字"命令，或者单击"绘图"或"文字"工具栏中的 "多行文字"按钮 **A**，命令行提示与操作如下：

```
命令：_mtext
当前文字样式："Standard"  文字高度： 10  注释性： 否
指定第一角点://适当指定一点
指定对角点或 [高度(H)/对正(J)/行距(L)/旋转(R)/样式(S)/宽度(W)/栏(C)]://指定另一点,拉
出一个文字输入范围框
```

打开多行文字编辑器，输入 3，如图 2-59 所示，单击多行文字编辑器右上角的"确定"按钮完成输入。

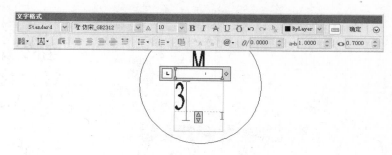

图 2-58 单行文字输入　　　　　　　　　图 2-59 多行文字输入

（5）绘制交流符号。单击"绘图"工具栏中的"样条曲线"按钮 ∿，命令行提示与操作如下：

```
命令：_spline
指定第一个点或 [对象(O)]：90,90✓                        //输入起点绝对坐标
指定下一点：95,95✓                                      //输入第 2 点绝对坐标
指定下一点或 [闭合(C)/拟合公差(F)] <起点切向>：100,90✓    //输入第 3 点绝对坐标
指定下一点或 [闭合(C)/拟合公差(F)] <起点切向>：105,85✓    //输入第 4 点绝对坐标
指定下一点或 [闭合(C)/拟合公差(F)] <起点切向>：110,90✓    //输入第 5 点绝对坐标
指定下一点或 [闭合(C)/拟合公差(F)] <起点切向>：✓          //按回车键执行起点切向
指定起点切向：                                           //选择起点切线方向
指定端点切向：                                           //选择终点切线方向
```

绘制的三相交流电动机符号如图 2-60 所示。

图 2-60 三相交流电动机符号

■【知识点详解】

1. 文字样式

在如图 2-56 所示的"文字样式"对话框中，各选项含义如下。

（1）"样式"选项组。该选项组主要用于命名新样式名或对已有样式名进行相关操作。单击"新建"按钮，打开如图 2-61 所示的"新建文字样式"对话框，双击选中样式名，将其修改为所需名称。

（2）"字体"选项组。确定字体样式。在 AutoCAD 中，除了它固有的 Shx 字体外，还可以使用 TrueType 字体（如宋体、楷体、Italic 等）。一种字体可以设置不同的效果从而被多种文字样式使用，如图 2-62 所示的就是同一种字体（宋体）的不同样式。

"字体"选项组用来确定文字样式使用的字体文件、字体风格及字高等。如果在"高度"文本框中输入一个数值，则它将作为创建文字时的固定字高，在用 TEXT 命令输入文字时，不再提示输入字高参数；如果在此文本框中设置字高为 0，系统则会在每一次创建文字时提示输入字高。所以，如果不想固定字高就可以将其设置为 0。

图 2-61　"新建文字样式"对话框 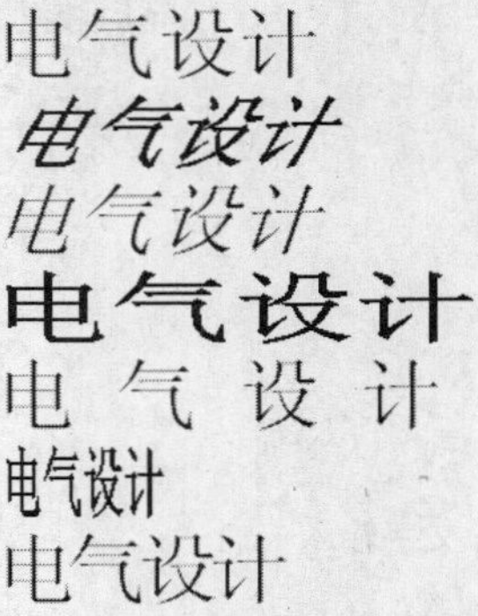　　　　　图 2-62　同一字体的不同样式

（3）"大小"选项组。

①"注释性"复选框：指定文字为注释性文字。

②"使文字方向与布局匹配"复选框：指定图纸空间视口中的文字方向与布局方向匹配。如果取消勾选"注释性"复选框，则该选项不可用。

③"高度"文本框：设置文字高度。如果输入 0.2，则每次用该样式输入文字时，文字默认高度为 0.2。

（4）"效果"选项组。用于设置字体的特殊效果。

①"颠倒"复选框：表示将文本文字倒置标注，如图 2-63（a）所示。

②"反向"复选框：确定是否将文本文字反向标注。如图 2-63（b）给出了这种标注的效果。

③"垂直"复选框：确定文本是水平标注还是垂直标注。选中此复选框时为垂直标注，否则为水平标注，如图 2-64 所示。

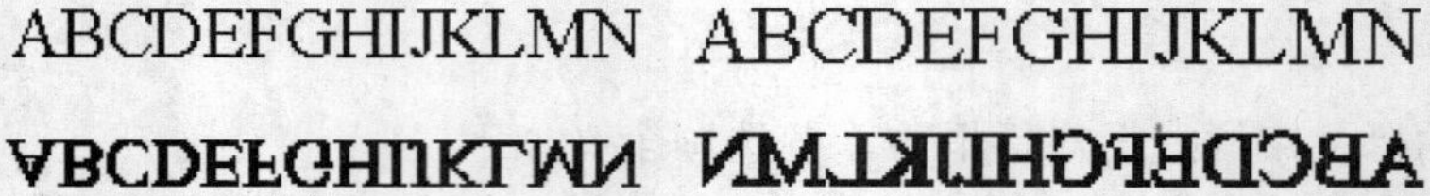

图 2-63　文字倒置标注与反向标注　　　　　图 2-64　文字垂直标注

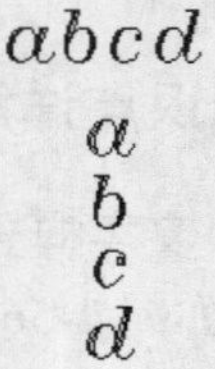

④ 宽度因子：设置宽度系数，确定文本字符的宽高比。当比例系数为 1 时，表示将按字体文件中定义的宽高比标注文字。当此系数小于 1 时字会变窄，反之变宽。

⑤ 倾斜角度：用于确定文字的倾斜角度。角度为 0 时不倾斜，为正时向右倾斜，为负时向左倾斜。

2．单行文本输入

在绘制单行文本的命令行提示中，各选项含义如下。

（1）指定文字的起点：在绘图区域单击作为文本的起始点，命令行提示如下：

```
指定高度 <0.2000>:          //确定字符的高度
指定文字的旋转角度 <0>:       //确定文本行的倾斜角度
```

在此提示下输入一行文本后回车，可继续输入文本，待全部输入完成后在此提示下直接回车，则退出 TEXT 命令。可见，由 TEXT 命令也可创建多行文本，只是这种多行文本每一行是一个对象，因此不能对多行文本同时进行操作，但可以单独修改每一单行的文字样式、字高、旋转角度和对正方式等。

（2）对正(J)：用来确定文本的对正方式，对正方式决定文本的哪一部分与所选的插入点对正。执行此选项，命令行提示如下：

输入选项 [对正(A)/布满(F)/居中(C)/中间(M)/右对正(R)/左上(TL)/中上(TC)/右上(TR)/左中(ML)/正中(MC)/右中(MR)/左下(BL)/中下(BC)/右下(BR)]：

在此提示下选择一个选项作为文本的对正方式。当文本串水平排列时，AutoCAD 为标注文本串定义了如图 2-65 所示的顶线、中线、基线和底线，各种对正方式如图 2-66 所示，图中的字母对应上述提示中的各命令。

图 2-65　文本行的底线、基线、中线和顶线　　　　图 2-66　文本的对正方式

下面以"对正"为例进行简要说明。

选择此选项，要求用户指定文本行基线的起始点与终止点的位置，命令行提示如下：

指定文字基线的第一个端点：　//指定文本行基线的起点位置
指定文字基线的第二个端点：　//指定文本行基线的终点位置

执行结果：输入的文本字符均匀地分布于指定的两点之间，如果两点间的连线不是水平线，则文本行倾斜放置，倾斜角度由两点间的连线与 X 轴夹角确定；字高、字宽根据两点间的距离、字符的多少以及文字样式中设置的宽度系数自动确定。指定了两点之后，每行输入的字符越多，字宽和字高越小。

其他选项与"对正"类似，不再赘述。

实际绘图时，有时需要标注一些特殊字符，例如直径符号、上画线或下画线、温度符号等，由于这些符号不能直接从键盘上输入，AutoCAD 提供了一些控制码，用来实现这些要求。控制码用两个百分号（%%）加一个字符构成，常用的控制码如表 2-1 所示。

表 2-1　AutoCAD 常用控制码

符　号	功　能	符　号	功　能
%%O	上画线	\u+0278	电相位
%%U	下画线	\u+E101	流线
%%D	"度"符号	\u+2261	标识
%%P	正负符号	\u+E102	界碑线
%%C	直径符号	\u+2260	不相等
%%%	百分号%	\u+2126	欧姆

续表

符　号	功　能	符　号	功　能
\u+2248	几乎相等	\u+03A9	欧米加
\u+2220	角度	\u+214A	低界线
\u+E100	边界线	\u+2082	下标2
\u+2104	中心线	\u+00B2	上标2
\u+0394	差值		

其中，%%O 和%%U 分别是上画线和下画线的开关，第一次出现此符号时开始画上画线和下画线，第二次出现此符号上画线和下画线终止。例如在"输入文字:"提示后输入"I want to %%U go to Beijing%%U"，则得到如图 2-67 中（a）所示的文本行，输入"50%%D+%%C75%%P12"，则得到如图 2-67 中（b）所示的文本行。

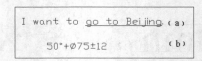

图 2-67　文本行

用 TEXT 命令可以创建一个或若干个单行文本，也就是说用此命令可以标注多行文本。在"输入文字:"提示下输入一行文本后回车，用户可输入第二行文本，依次类推，直到文本全部输完，再在此提示下直接回车，结束文本输入命令。每一次回车就结束一个单行文本的输入，每一个单行文本是一个对象，可以单独修改其文本样式、字高、旋转角度和对正方式等。

用 TEXT 命令创建文本时，在命令行输入的文字同时显示在绘图区域中，而且在创建过程中可以随时改变文本的位置，只要将光标移到新的位置单击，则当前行结束，之后输入的文本将出现在新的位置上。用这种方法可以把多行文本标注到绘图区域的任何地方。

3．多行文本输入

多行文字编辑器如图 2-68 所示。在绘制多行文本的命令行提示中，各选项含义如下。

（1）指定对角点：在绘图区域为单击选取一个点作为矩形框的第二个角点，以这两个点为对角点形成一个矩形区域,其宽度作为多行文本的宽度,第一个点作为第一行文本顶线的起点。

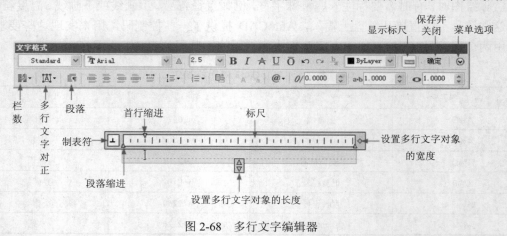

图 2-68　多行文字编辑器

（2）对正(J)：确定所标注文本的对正方式。选取此选项，命令行提示如下：

输入对正方式 [左上 (TL) /中上 (TC) /右上 (TR) /左中 (ML) /正中 (MC) /右中 (MR) /左下 (BL) /中下 (BC) /右下 (BR)] <左上 (TL) >：

这些对正方式与 TEXT 命令中的对正方式相同，不再重复。

（3）行距(L)：确定多行文本的行间距。这里所说的行间距是指相邻两文本行基线之间的垂直距离。选择此选项，命令行提示如下：

输入行距类型 [至少 (A) /精确 (E)] <至少 (A) >：

在此提示下有"至少"和"精确"两种方式确定行间距。"至少"方式下系统根据每行文本中最大的字符自动调整行间距。"精确"方式下系统给多行文本赋予一个固定的行间距。可以直接输入一个确定的间距值，也可以输入"nx"的形式，其中 n 是一个具体数，表示行间距设置为单行文本高度的 n 倍，而单行文本高度是本行文本字符高度的 1.66 倍。

（4）旋转(R)：确定文本行的倾斜角度。执行此选项，命令行提示如下：

指定旋转角度 <0>：(输入倾斜角度)

输入角度值后回车，返回到"指定对角点或 [高度(H)/对正(J)/行距(L)/旋转(R)/样式(S)/宽度(W)/栏(C)]"提示。

（5）样式(S)：确定当前的文字样式。

（6）宽度(W)：指定多行文本的宽度。可在屏幕上选取一点，将其与前面确定的第一个角点组成的矩形框的宽度作为多行文本的宽度，也可以输入一个数值，精确设置多行文本的宽度。

（7）栏(C)：指定多行文字对象的栏选项。

4."文字格式"工具栏

"文字格式"工具栏用来控制文本的显示特性。可以在输入文本之前设置文本的特性，也可以改变已输入文本的特性。要改变已有文本的显示特性，首先应选中要修改的文本，选择文本有以下 3 种方法。

① 将光标定位到文本开始处，按住鼠标左键，将光标拖到文本末尾。

② 单击某一个字，则该字被选中。

③ 连续 3 次单击则选中全部内容。

下面把"文字格式"工具栏中部分选项的功能介绍一下。

（1）"堆叠"按钮 ꁢ：用于层叠/非层叠所选的文本。当文本中某处出现"/""^"或"#"3 种层叠符号之一时可层叠文本，方法是选中需层叠的文字，然后单击此按钮，则符号左边文字作为分子，右边文字作为分母显示。AutoCAD 提供了 3 种分数形式，如图 2-69 所示。如果选中已经层叠的文本对象后单击此按钮，则文本恢复到非层叠形式。

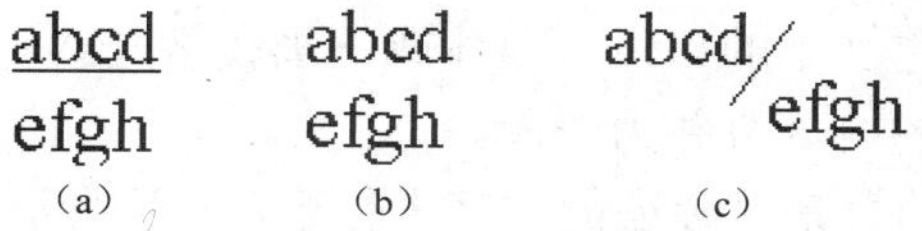

abcd
efgh
（a）

abcd
efgh
（b）

abcd/
efgh
（c）

图 2-69　文本层叠

（2）"符号"按钮 @：用于输入各种符号。单击该按钮，系统打开如图 2-70 所示的符号列表。用户可以从中选择符号输入到文本中。

（3）"插入字段"按钮：插入一些常用或预设字段。单击该命令，系统打开"字段"对话框，如图 2-71 所示。用户可以从中选择字段插入到标注文本中。

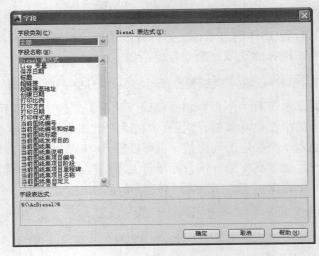

图 2-70　符号列表　　　　　　　　图 2-71　"字段"对话框

（4）"追踪"微调框**a·b**：增大或减小选定字符之间的距离。1.0 是常规间距。设置大于 1.0 可增大间距，设置小于 1.0 可减小间距。

（5）"宽度比例"微调框◯：扩展或收缩选定字符。1.0 代表此字体中字母的常规宽度。可以增大或减小该宽度。

（6）"栏"下拉列表：显示栏弹出菜单，该菜单提供 5 个栏选项："不分栏""静态栏""插入分栏符""分栏设置"和"动态栏"。

（7）"多行文字对正"下拉列表：显示"多行文字对正"菜单，并且有 9 个对正选项可用。其中，"左上"为默认。

（8）快捷菜单。在多行文字编辑区域右击，弹出如图 2-72 所示的快捷菜单。

① 符号：在光标位置插入子菜单中的符号或不间断空格。也可以手动插入符号。

② 输入文字：在如图 2-73 所示的"选择文件"对话框中选择任意 ASCII 或 RTF 格式的文件。选择要输入的文本文件后，可以在文字编辑框中替换选定的文字或全部文字，或在文字边界内将插入的文字附加到选定的文字中。输入文字的文件必须小于 32K。

③ 改变大小写：改变选定文字的大小写。

④ 自动大写：将所有新输入的文字转换成大写。自动大写不影响已有的文字。要改变已有文字的大小写，选择文字后右击，在弹出的快捷菜单中选择"改变大小写"选项即可。

⑤ 删除格式：清除选定文字的粗体、斜体或下画线格式。

⑥ 合并段落：将选定的段落合并为一段。

⑦ 背景遮罩：用设定的背景对标注的文字进行遮罩。选择该命令，会打开如图 2-74 所示的"背景遮罩"对话框。

⑧ 查找和替换：选择该选项，打开如图 2-75 所示的"查找和替换"对话框，在该对话框中可以进行替换操作，操作方式与 Word 编辑器中替换操作类似，不再赘述。

图 2-72　快捷菜单

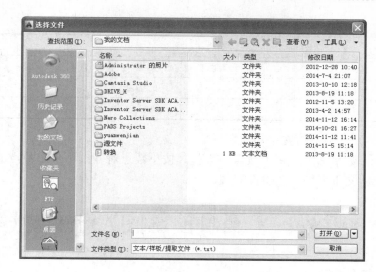

图 2-73　"选择文件"对话框

图 2-74　"背景遮罩"对话框

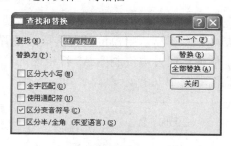

图 2-75　"查找和替换"对话框

⑨ 字符集：显示代码页菜单。选择一个代码页并将其应用到选定的文字。

5. 国家标准 GB/T18131-2000《电气工程 CAD 制图规则》中对文字的规定

（1）字体。电气工程图样和简图中的字体，所选汉字应为长仿宋体。在 AutoCAD 中，汉字字体可采用 Windows 系统所带的 TrueType "仿宋_GB2312"。

（2）文本尺寸高度。

① 常用的文本尺寸宜在下列尺寸中选择：1.5，3.5，5，7，10，14，20，单位：mm。

② 字符的宽高比约为 0.7。

③ 各行文字间的行距不应小于 1.5 倍的字高。

④ 图样中采用的各种文本尺寸见表 2-2。

表 2-2　图样中各种文本尺寸

文 本 类 型	中　文		字母及数字	
	字　高	字　宽	字　高	字　宽
标题栏图名	7-10	1-7	1-7	3.1-5
图形图名	7	5	5	3.5
说明抬头	7	5	5	3.5
说明条文	5	3.5	3.5	1.5

续表

文本类型	中　文		字母及数字	
	字　高	字　宽	字　高	字　宽
图形文字标注	5	3.5	3.5	1.5
图号和日期	5	3.5	3.5	1.5

（3）表格中的文字和数字

① 数字书写：带小数点的数值，按小数点对齐；不带小数点的数值，按各位对齐。

② 文本书写：正文左对齐。

任务十一　绘制电气制图 A3 样板图（表格命令）

■【任务背景】

在 AutoCAD 电气制图过程中，经常要用到表格。使用 AutoCAD 提供的"表格"功能，创建表格非常容易，用户可以直接插入设置好样式的表格，而不用重新绘制。

本任务将通过电气制图 A3 样板图的绘制过程来熟练掌握表格相关命令的操作方法，具体绘制流程如图 2-76 所示。

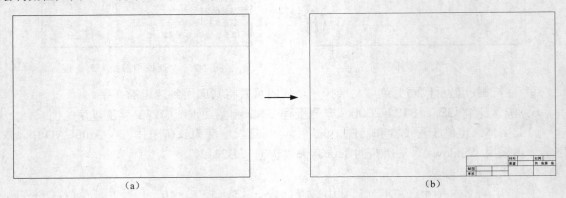

(a)　　　　　　　　　(b)

图 2-76　电气制图 A3 样板图绘制流程

■【操作步骤】

（1）绘制图框。单击"绘图"工具栏中的"矩形"按钮▢，绘制一个矩形，指定矩形两个角点的坐标分别为（25，10）和（410，287），如图 2-77 所示。

注意

《国家标准》规定 A3 图纸的幅面大小是 420mm×297mm，这里留出了带装订边的图框到纸面边界的距离。

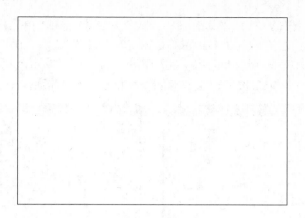

图 2-77 绘制矩形

（2）绘制标题栏。标题栏结构如图 2-78 所示，由于分隔线不相同，所以可以先绘制一个 28mm×4mm（每个单元格的尺寸是 5mm×8mm）的标准表格，然后在此基础上编辑合并单元格形成如图 2-79 所示的格式。

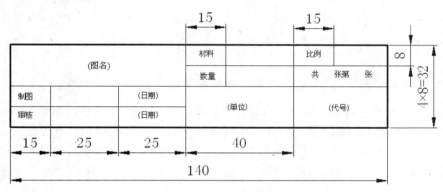

图 2-78 标题栏结构示意图

① 在命令行输入 TABLESTYLE 命令或者选择"格式"菜单中的"表格样式"命令，或者单击"样式"工具栏中的"表格样式"按钮，打开"表格样式"对话框，如图 2-79 所示。

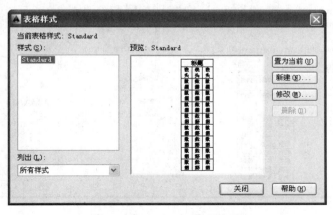

图 2-79 "表格样式"对话框

② 单击"修改"按钮，打开"修改表格样式"对话框，在"单元样式"下拉列表框中选择"数据"选项，在"文字"选项卡中将"文字高度"设置为3，如图2-80所示。

再打开"常规"选项卡，将"页边距"选项组中的"水平"和"垂直"选项都设置为1，如图2-81所示。单击"确定"按钮，系统返回"表格样式"对话框，单击"关闭"按钮退出。

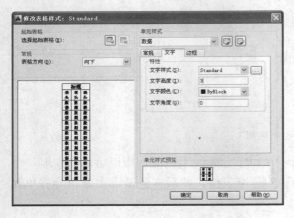

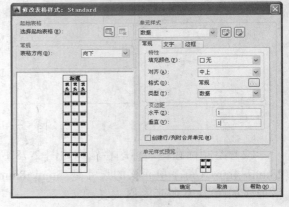

图2-80 "修改表格样式"对话框   图2-81 "常规"选项卡参数设置

 注意

表格的行高=文字高度+2×垂直页边距，此处设置为3+2×1=5。

③ 在命令行输入 TABLE 命令或者选择"绘图"菜单中的"表格"命令，或者单击"绘图"工具栏中的"表格"按钮，打开"插入表格"对话框，在"列和行设置"选项组中设置"列数"为28，"列宽"为5，"数据行数"为2（加上标题行和表头行共4行），"行高"为1；在"设置单元样式"选项组中将"第一行单元样式""第二行单元样式"和"所有其他行单元样式"均设置为"数据"，如图2-82所示。

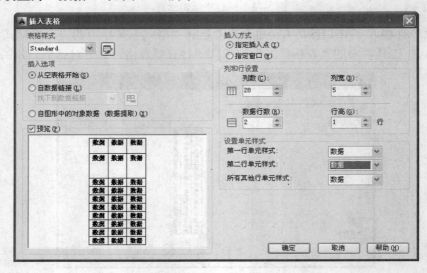

图2-82 "插入表格"对话框

④ 在图框线右下角附近指定表格位置，系统生成表格，同时打开多行文字编辑器，如图 2-83 所示，直接按回车键，不输入文字，生成的表格如图 2-84 所示。

图 2-83 表格和多行文字编辑器

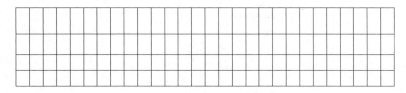

图 2-84 生成的表格

⑤ 单击表格中的一个单元格，显示其编辑夹点，然后右击，在弹出的快捷菜单中选择"特性"命令，如图 2-85 所示，打开"特性"对话框，设置"单元高度"为 8，如图 2-86 所示，此时该单元格所在行的高度统一为 8。用同样的方法将其他行的高度设置为 8，如图 2-87 所示。

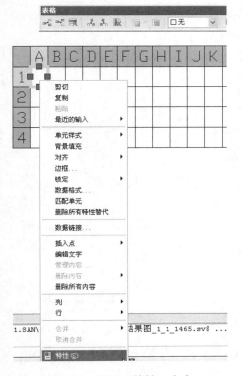

图 2-86 "特性"对话框

图 2-85 选择"特性"命令

图 2-87 统一表格高度

⑥ 选择 A1 单元格，按住【Shift】键，同时选择右边的 12 个单元格以及下面的 13 个单元格，右击，在弹出的快捷菜单中选择"合并"→"全部"命令，如图 2-88 所示，完成单元格的合并，如图 2-89 所示。

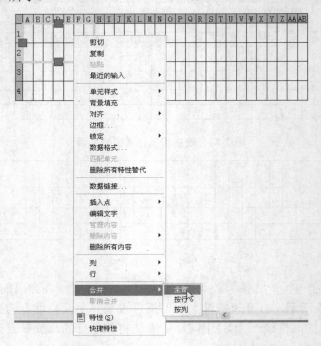

图 2-88　选择"合并"→"全部"命令

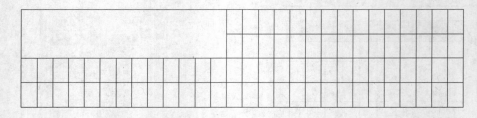

图 2-89　合并单元格

用同样的方法合并其他单元格完成表格的绘制，结果如图 2-90 所示。

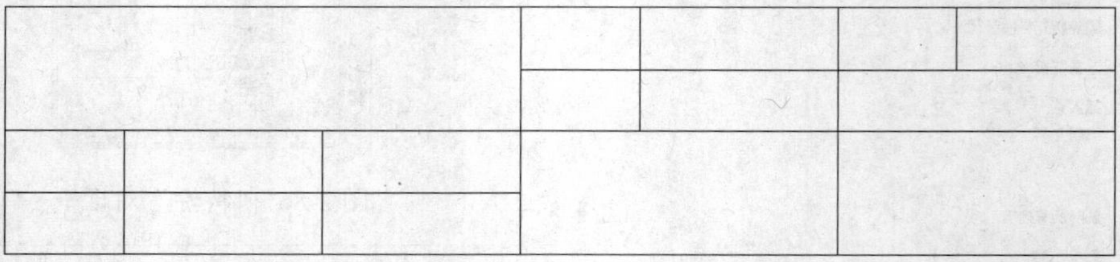

图 2-90　完成表格的绘制

⑦ 在单元格中连续单击 3 次，打开文字编辑器，在单元格中输入文字，将文字大小设置为 4，如图 2-91 所示。

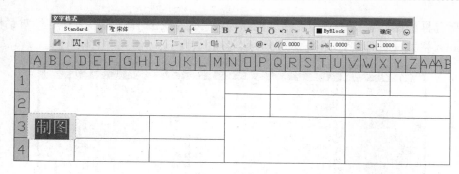

图 2-91　输入文字

用同样的方法，输入其他单元格中的文字，结果如图 2-92 所示。

		材料		比例	
		数量		共　张第　张	
制图					
审核					

图 2-92　完成标题栏文字的输入

（3）移动标题栏。绘制完成的标题栏无法准确确定与图框的相对位置，因此需要移动。命令行提示与操作如下：

```
命令：move↙
选择对象：                      //选择刚绘制的表格
选择对象：↙
指定基点或［位移(D)］<位移>：     //捕捉表格的右下角点
指定第二个点或 <使用第一个点作为位移>： //捕捉图框的右下角点
```

此时表格准确放置在了图框的右下角，如图 2-93 所示。

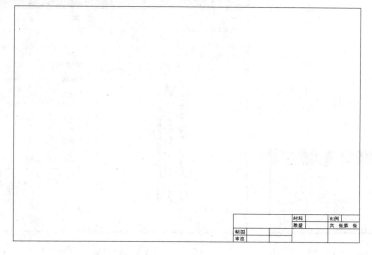

图 2-93　移动标题栏

（4）保存样板图。选择"文件"→"另存为…"命令，打开"图形另存为"对话框，将图形保存为.dwt 格式文件即可，如图 2-94 所示。

图 2-94 "图形另存为"对话框

■【知识点详解】

1. 表格样式

"表格样式"对话框中，各选项含义如下。

（1）"新建"按钮。单击该按钮，打开"创建新的表格样式"对话框，如图 2-95 所示。输入新样式名后，单击"继续"按钮，打开"新建表格样式"对话框，如图 2-96 所示，从中可以定义新的表格样式。

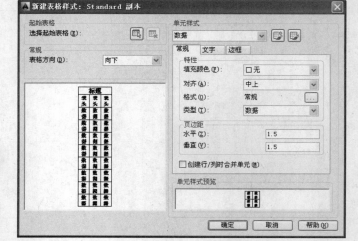

图 2-95 "创建新的表格样式"对话框　　　　　图 2-96 "新建表格样式"对话框

"新建表格样式"对话框中有 3 个选项卡："常规""文字"和"边框"，如图 2-97 所示，分别控制表格中数据、表头和标题的有关参数，如图 2-97 所示。

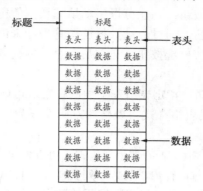

图 2-97 表格样式

（2）"常规"选项卡。

① "特性"选项组。

● 填充颜色：指定填充颜色。

● 对齐：为单元内容指定一种对正方式。

● 格式：设置表格中各行的数据类型和格式。

● 类型：将单元样式指定为标签或数据，在包含起始表格的表格样式中插入默认文字时使用。也用于在工具选项板上创建表格工具的情况。

② "页边距"选项组。

● 水平：设置单元中的文字或块与左、右单元边界之间的距离。

● 垂直：设置单元中的文字或块与上、下单元边界之间的距离。

● "创建行/列时合并单元"复选框。将使用当前单元样式创建的所有新行或列合并到一个单元中。

（3）"文字"选项卡。

● 文字样式：指定文字样式。

● 文字高度：指定文字高度。

● 文字颜色：指定文字颜色。

● 文字角度：设置文字角度。

（4）"边框"选项卡。

● 线宽：设置要用于显示边界的线宽。

● 线型：通过单击边框按钮，设置线型以应用于指定边框。

● 颜色：指定颜色以应用于显示的边界。

● 双线：指定选定的边框为双线型。

（5）"修改"按钮。对当前表格样式进行修改，方法与新建表格样式相同。

2．创建表格

在如图 2-83 所示的"插入表格"对话框中，各选项含义如下。

（1）"表格样式"选项组。可以在"表格样式"下拉列表框中选择一种表格样式，也可以通过单击后面的"□"按钮来新建或修改表格样式。

（2）"插入选项"选项组。

● "从空表格开始"单选按钮：创建可以手动填充数据的空表格。

● "自数据链接"单选按钮：通过启动数据链接管理器来创建表格。

● "自图形中的对象数据"单选按钮：通过启动"数据提取"向导来创建表格。

（3）"插入方式"选项组。

● "指定插入点"单选按钮：指定表格左上角的位置。可以使用定点设备，也可以在命令行中输入坐标值。如果表格样式将表格的方向设置为由下而上读取，则插入点位于表格的左下角。

● "指定窗口"单选按钮：指定表的大小和位置。可以使用定点设备，也可以在命令行中输入坐标值。选定此选项时，行数、列数、列宽和行高取决于窗口的大小以及列和行设置。

（4）"列和行设置"选项组。指定列和数据行的数目以及列宽与行高。

（5）"设置单元样式"选项组。指定"第一行单元样式""第二行单元样式"和"所有其他行单元样式"分别为标题、表头或者数据样式。

 注意

一个单位行高的高度为文字高度与垂直边距的和。列宽设置必须不小于文字宽度与水平边距的和，如果列宽小于此值，则实际列宽以文字宽度与水平边距的和为准。

在"插入表格"对话框中进行相应的设置后，单击"确定"按钮，系统在指定的插入点或窗口自动插入一个空表格，并显示多行文字编辑器，用户可以逐行逐列输入相应的文字或数据，如图2-98所示。

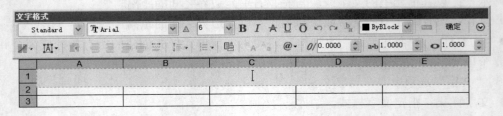

图2-98　空表格和多行文字编辑器

3．国家标准GB/T18131-2000《电气工程CAD制图规则》中对图纸格式的规定

（1）幅面。电气工程图纸采用的基本幅面有5种：A0、A1、A2、A3和A4，各图幅的相应尺寸见表2-3。

表2-3　图幅尺寸的规定　（单位：mm）

幅面	A0	A1	A2	A3	A4
长	1189	841	594	420	297
宽	841	594	420	297	210

（2）图框

① 图框尺寸见表 2-4。在电气图中，确定图框线的尺寸有两个依据：一是图纸是否需要

装订；二是图纸幅面的大小。需要装订时，装订的一边就要留出装订边。如图 2-99 和图 2-100 所示分别为不留装订边的图框和留装订边的图框。右下角矩形区域为标题栏位置。

表 2-4　图纸图框尺寸（单位：mm）

幅面代号	A0	A1	A2	A3	A4
e	20			10	
c	10			5	
a	25				

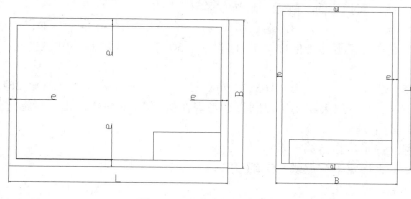

图 2-99　不留装订边的图框

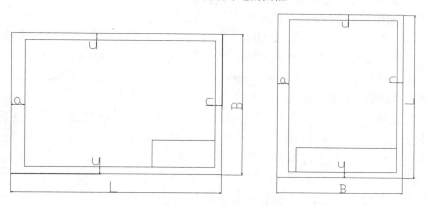

图 2-100　留装订边的图框

② 图框线宽。图框的内框线，根据不同幅面、不同输出设备宜采用不同的线宽，见表 2-5。各种图幅的外框线均为 0.25 的实线。

表 2-5　图幅内框线宽（单位：mm）

幅面	绘图机类型	
	喷墨绘图机	笔式绘图机
A0，A1	1.0	0.7
A2，A3，A4	0.7	0.5

模拟试题与上机实验2

1．选择题

（1）可以有宽度的线有（　　）。

    A．构造线　　　　　　　B．多段线　　　　　　　C．直线　　　　D．样条曲线

（2）执行"样条曲线"命令后，某选项用来输入曲线的偏差值。值越大，曲线离指定的点越远；值越小，曲线离指定的点越近。该选项是（　　）。

    A．闭合　　　　　　　B．端点切向　　　　　C．拟合公差　　　D．起点切向

（3）以同一点作为正五边形的中心,圆的半径为50,分别用 I 和 C 方式画的正五边形的间距为（　　）。

    A．455.5309　　　　B．16512.9964　　　C．910.9523　　　D．261.0327

（4）使用 ARC 命令结束绘制一段圆弧后，现在执行 Line 命令，提示"指定第一点："时直接按回车键，结果是（　　）。

    A．继续提示"指定第一点：

    B．提示"指定下一点或 [放弃(U)]："

    C．Line 命令结束

    D．以圆弧端点为起点绘制圆弧的切线

（5）重复使用刚执行的命令，应按（　　）键。

    A．【Ctrl】　　　　　B．【Alt】　　　　　C．【Enter】　　　D．【Shift】

（6）进行图案填充时，下面图案类型中不需要同时指定角度和比例的有（　　）。

    A．预定义　　　　　　B．用户定义　　　　C．自定义

（7）根据图案填充创建边界时，边界类型不可能是以下（　　）选项。

    A．多段线　　　　　　B．样条曲线　　　　C．三维多段线　　D．螺旋线

（8）在设置文字样式的时候,设置了文字的高度,其效果是（　　）。

    A．输入单行文字时,可以改变文字高度

    B．输入单行文字时,不可以改变文字高度

    C．输入多行文字时候,不能改变文字高度

    D．都能改变文字高度

2．上机实验题

实验1　绘制如图 2-101 所示的电抗器符号。

◆　目的要求

本实验主要练习使用基本绘图工具，熟练掌握绘图技巧。

◆　操作提示

（1）使用"直线"命令绘制两条垂直相交的直线。

（2）使用"圆弧"命令绘制连接弧。

（3）使用"直线"命令绘制竖直直线。

实验2　绘制如图 2-102 所示的暗装开关符号。

图 2-101　电抗器符号　　　　　　　　　　　图 2-102　暗装开关符号

◆ 目的要求

本实验主要练习使用"图案填充"命令，复习基本绘图工具的使用方法，并学习在使用填充命令的过程中，选择图案样例和填充边界。

◆ 操作提示

（1）使用"圆弧"命令绘制多半个圆弧。

（2）使用"直线"命令绘制水平和竖直直线，其中一条水平直线的两个端点都在圆弧上。

（3）利用"图案填充"命令填充圆弧与水平直线之间的区域。

实验3　绘制如表 2-6 所示的电气元件表。

表 2-6　电气元件表

配电柜编号		1P1	1P2	1P3	1P4	1P5
配电柜型号		GCK	GCK	GCJ	GCJ	GCK
配电柜柜宽		1000	1800	1000	1000	1000
配电柜用途		计量进线	千式稳压器	电容补偿柜	电容补偿柜	馈电柜
主要元件	隔离开关			QSA-630/3	QSA-630/3	
	断路器	AE-3200A/4P	AE-3200A/3P	CJ20-63/3	CJ20-63/3	AE-1600AX2
	电流互感器	3×LMZ2-0.66-2500/5 4×LM2-0.66-3000/5	3×LMZ2-0.66-3000/5	3×LMZ2-0.66-500/5	3×LMZ2-0.66-500/5	6×LMZ2-0.66-1500/5
	仪表规格	DTF-224　1级 61.2-A×3 DXF-226　2级 6L2-V×1	6L2-A×3	6L2-A×3 6L2-cosϕ	6L2-A×3	6L2-A
负荷名称/容量		SC9-1600kVA	1600kVA	12X30=360kVA	12X30=36kVAR	
母线及进出线电缆		母线槽 FCM-A-3150A		配十二步自动投切	与主柜联动	

◆ 目的要求

本实验练习的主要是表格和文字的相关命令，在绘制过程中，注意表格样式和文字样式的设置。

◆ 操作提示

（1）设置文字样式。

（2）设置表格样式。

（3）利用"表格"命令绘制表格并输入文字。

项目三　熟练运用基本绘图工具

■【学习情境】

在上一个项目的学习过程中，读者会注意到有时候绘图不是很方便，比如，很难准确指定某些特殊的点，不知道怎样绘制不同线型、线宽的线条等等。为了解决这些问题，AutoCAD提供了很多基本绘图工具，如图层工具、对象捕捉工具、栅格和正交工具等。利用这些工具，可以方便、迅速、准确地实现图形的绘制和编辑，不仅可以提高工作效率，而且能更好地保证图形的质量。

■【能力目标】

➢ 掌握图层功能。
➢ 熟悉精确定位工具。
➢ 掌握对象捕捉工具。
➢ 了解对象约束功能。

■【课时安排】

4课时（讲课2课时，练习2课时）

任务一　绘制电阻（正交、对象捕捉）

■【任务背景】

在使用AutoCAD绘图的过程当中，经常需要绘制水平直线和垂直直线，但是用鼠标拾取线段的端点时很难保证两个点是严格沿水平或垂直方向的，为此，AutoCAD提供了"正交"功能，当启用"正交"功能时，画线或移动对象只能沿水平或垂直方向移动光标，因此只能画平行于坐标轴的正交线段。

在绘制AutoCAD图形时，有时需要指定一些特殊位置的点，如圆心、端点、中点、平行线上的点等。如何准确捕捉到这些点，是我们需要思考的问题。

本任务将通过电阻符号的绘制过程来熟练掌握"正交"功能和特殊点捕捉功能的操作方法。具体绘制流程如图3-1所示。

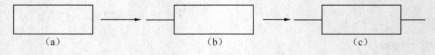

图3-1　电阻符号绘制流程

【操作步骤】

（1）单击"绘图"工具栏中的"矩形"按钮□，绘制一个矩形，如图 3-2 所示。

（2）单击"绘图"工具栏中的"直线"按钮✎，绘制导线，命令行提示与操作如下：

```
命令：_line
指定第一点：MID                          //捕捉中点
于：//用鼠标选取矩形左边，系统自动捕捉左边中点
指定下一点或 [放弃(U)]：<正交 开>         //单击状态栏上的▣按钮（或者按下快捷键【F8】），向左适
当指定一点
指定下一点或 [放弃(U)]：✓                 //如图 3-3 所示
命令：_line
指定第一点：MID                          //捕捉中点
于：                                    //用鼠标选取矩形右边，系统自动捕捉右边中点
指定下一点或 [放弃(U)]：                  //向右适当指定一点
指定下一点或 [放弃(U)]：✓
```

结果如图 3-4 所示。

图 3-2　绘制矩形　　　　　图 3-3　绘制左边导线　　　　　图 3-4　绘制右边导线

【知识点详解】

在绘制 AutoCAD 图形时，有时需要指定一些特殊位置的点，如圆心、端点、中点、平行线上的点等，见表 3-1，可以通过"对象捕捉"功能来捕捉这些点。

表 3-1　特殊位置点捕捉

捕捉模式	命令	功能
临时追踪点	TT	建立临时追踪点
两点之间的中点	M2P	捕捉两个独立点之间的中点
捕捉自	FROM	建立一个临时参考点，作为指出后继点的基点
点过滤器	.X (Y、Z)	由坐标选择点
端点	ENDP	线段或圆弧的端点
中点	MID	线段或圆弧的中点
交点	INT	线、圆弧或圆等的交点
外观交点	APPINT	图形对象在视图平面上的交点
延长线	EXT	指定对象的延伸线
圆心	CEN	圆或圆弧的圆心
象限点	QUA	距光标最近的圆或圆弧上可见部分的象限点，即圆周上 0°、90°、180° 和 270° 位置上的点
切点	TAN	最后生成的一个点到选中的圆或圆弧上引切线的切点位置
垂足	PER	在线段、圆、圆弧或它们的延长线上捕捉一个点，使之与最后生成的点的连线与该线段、圆或圆弧正交

续表

捕 捉 模 式	命 令	功 能
平行线	PAR	绘制与指定对象平行的图形对象
节点	NOD	捕捉用 POINT 或 DIVIDE 等命令生成的点
插入点	INS	文本对象和图块的插入点
最近点	NEA	离拾取点最近的线段、圆、圆弧等对象上的点
无	NON	关闭对象捕捉模式
对象捕捉设置	OSNAP	设置对象捕捉

AutoCAD 提供了命令行、工具栏和快捷菜单 3 种执行特殊点对象捕捉的方法。

（1）命令方式。绘图时，当在命令行中提示输入一点时，输入相应的特殊位置点命令，如表 3-1 所示，然后根据提示操作即可。

（2）工具栏方式。使用如图 3-5 所示的"对象捕捉"工具栏可以使用户更方便地实现捕捉点的目的。当命令行提示输入一点时，从"对象捕捉"工具栏上单击相应的按钮。当把鼠标放在某一图标上时，会显示该图标功能的提示，然后根据提示操作即可。

（3）快捷菜单方式。快捷菜单可通过在按住【Shift】键的同时右击来激活，在弹出的快捷菜单中列出了 AutoCAD 提供的对象捕捉模式，如图 3-6 所示。操作方法与工具栏相似，只要在 AutoCAD 提示输入点时选择快捷菜单上相应的菜单项，然后按提示操作即可。

图 3-5 "对象捕捉"工具栏   图 3-6 对象捕捉快捷菜单

任务二 绘制延时断开的动合触点符号（对象捕捉、对象追踪）

■【任务背景】

在使用 AutoCAD 绘图之前，可以根据需要事先设置一些对象捕捉模式，绘图时 AutoCAD 能自动捕捉这些特殊点，从而加快绘图速度，提高绘图质量。

绘图时，为了对齐路径或特殊位置，可以使用对象追踪功能。对象追踪是指按指定角度或与其他对象的指定关系绘制对象。利用自动追踪功能，有助于以精确的位置和角度创建对象。

本任务将通过延时断开的动合触点符号的绘制过程来熟练掌握对象捕捉功能和对象追踪功能的设置和灵活应用。绘制流程如图 3-7 所示。

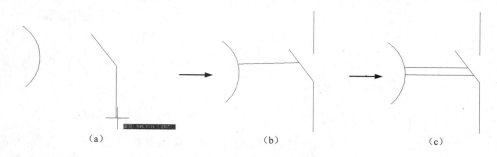

图 3-7 延时断开的动合触点符号绘制流程

■【操作步骤】

（1）按下状态栏中的"对象捕捉"按钮□，在该按钮上右击，在弹出的快捷菜单中选择"设置"命令，如图 3-8 所示，或者单击"对象捕捉"工具栏中的"对象捕捉设置"按钮，打开"草图设置"对话框，单击"全部选择"按钮，将所有特殊位置点均设置为可捕捉状态，如图 3-9 所示。

图 3-8 快捷菜单

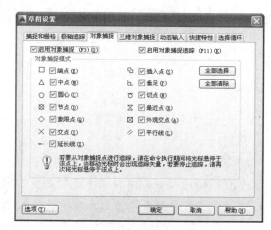

图 3-9 "草图设置"对话框

（2）单击"绘图"工具栏中的"圆弧"按钮，绘制一个适当大小的圆弧。

（3）单击"绘图"工具栏中的"直线"按钮，在绘制的圆弧右边绘制连续线段，在绘制完一段斜线后，单击状态栏中的"正交"按钮，保证接下来绘制的部分线段是正交的，绘制完连续线段后的图形如图 3-10 所示。

注意

正交、对象捕捉等命令是透明命令，可以在其他命令执行过程中操作，而不中断原命令。

（4）单击"绘图"工具栏中的"直线"按钮，同时单击状态栏中的"对象捕捉追踪"按

钮 ∠（或按快捷键【F11】），将鼠标光标放在绘制的竖线的起始端点附近，然后往上移动鼠标，此时，界面中显示一条追踪线，如图3-11所示，表示目前鼠标光标处于竖直直线的延长线上。

图3-10　绘制连续直线　　　　　　　　　图3-11　显示追踪线

（5）在合适的位置单击，确定直线的起点，然后向上移动光标，指定竖直直线的终点。

（6）再次单击"绘图"工具栏中的"直线"按钮 ╱，将鼠标光标移动到圆弧附近的适当位置，系统会显示离光标最近的特殊位置点，此时单击，系统将自动捕捉该特殊位置点作为直线的起点，如图3-12所示。

（7）水平移动光标到斜线附近，此时，系统也会自动显示斜线上离光标位置最近的特殊位置点，单击，系统自动捕捉该点为直线的终点，如图3-13所示。

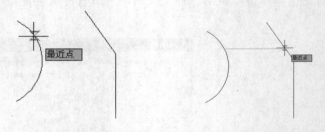

图3-12　捕捉直线起点　　　　　　　图3-13　捕捉直线终点

 注意

　　　在绘制水平直线的过程中，同时单击了"正交"按钮和"对象捕捉追踪"按钮，但有时系统不能既保证直线正交又保证直线的端点为特殊位置点。这时，系统会优先满足对象捕捉条件，即保证直线的端点是圆弧和斜线上的特殊位置点，而不能保证一定是正交直线，如图3-14所示。
　　　解决这个问题的一个小技巧是先放大图形，再捕捉特殊位置点，这样往往能找到满足直线正交的特殊位置点作为直线的端点。

（8）以同样方法绘制第二条水平线，最终结果如图3-15所示。

图3-14　直线不正交　　　　　图3-15　绘制第二条水平线

【知识点详解】

1．对象捕捉功能的设置

在如图 3-9 所示"草图设置"对话框的"对象捕捉"选项卡中，各选项含义如下。

● "启用对象捕捉"复选框：打开或关闭对象捕捉方式。当选中此复选框时，在"对象捕捉模式"选项组中选中的捕捉模式处于激活状态。

● "启用对象捕捉追踪"复选框：打开或关闭自动追踪功能。

● "对象捕捉模式"选项组：列出各种捕捉模式的复选框，选中则该模式被激活。单击"全部清除"按钮，则所有模式均被清除。单击"全部选择"按钮，则所有模式均被选中。

另外，在对话框的左下角有一个"选项"按钮，单击该按钮可打开"选项"对话框的"草图"选项卡，利用该对话框可进行捕捉模式的各项设置。

2．对象捕捉追踪

"对象捕捉追踪"是指以捕捉到的特殊位置点为基点，按指定的极轴角或极轴角的倍数对齐要指定点的路径。

"对象捕捉追踪"必须配合"对象捕捉"功能一起使用，即同时打开状态栏上的"对象捕捉"工具和"对象捕捉追踪"工具。

任务三　绘制励磁发电机（图层功能）

【任务背景】

在绘制电气图形时，如果出现了不同的线型或线宽的图线应该如何处理呢？AutoCAD 提供了图层工具，对每个图层规定其颜色和线型，并把具有相同特征的图形对象放在同一层上绘制，这样绘图时不用分别设置对象的线型和颜色，不仅方便绘图，而且存储图形时只需存储几何数据和所在图层，因而既节省存储空间，又可以提高工作效率。

本任务将通过励磁发电机符号的绘制过程来熟练掌握"图层"功能的操作方法。首先利用"图层特性管理器"对话框创建 3 个图层，然后利用"直线""圆""多段线"等命令在"实线"图层绘制一系列图线，在"虚线"图层绘制线段，最后在"文字"图层标注文字说明。绘制流程如图 3-16 所示。

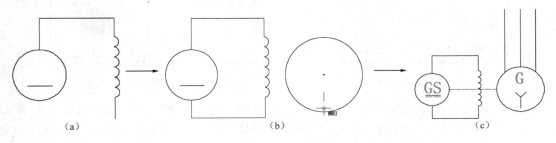

图 3-16　励磁发电机符号绘制流程

■【操作步骤】

（1）在命令行输入 LAYER 命令或者选择"格式"菜单中的"图层"命令，或者单击"图层"工具栏中的"图层特性管理器"图标 🐢，打开"图层特性管理器"对话框。

（2）单击"新建"按钮创建一个新图层，将该层的名称由默认的"图层 1"重命名为"实线"，如图 3-17 所示。

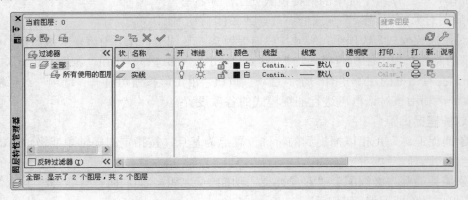

图 3-17　重命名图层名

（3）单击"实线"图层对应的"线宽"选项，打开"线宽"对话框，选择 0.09mm 线宽，如图 3-18 所示，单击"确定"按钮退出。

（4）再次单击"新建"按钮创建一个新图层，命名为"虚线"。

（5）单击"虚线"图层对应的"颜色"选项，打开"选择颜色"对话框，选择"颜色"为蓝色，如图 3-19 所示。确认后返回"图层特性管理器"对话框。

图 3-18　选择线宽　　　　　　　　图 3-19　"选择颜色"对话框

（6）单击"虚线"图层对应的"线型"选项，打开"选择线型"对话框，如图 3-20 所示。

（7）在"选择线型"对话框中单击"加载"按钮，打开"加载或重载线型"对话框，选择 ACAD_ISO02W100 线型，如图 3-21 所示。确认后返回。

（8）用同样的方法将"虚线"图层的线宽设置为 0.09mm。

图 3-20 "选择线型"对话框

图 3-21 加载新线型

（9）用相同的方法再建立新图层，命名为"文字"。将"文字"图层的颜色设置为红色，线型为 Continuous，线宽为 0.09mm。并让 3 个图层均处于打开、解冻和解锁状态，各项设置如图 3-22 所示。

图 3-22 设置图层

（10）选中"实线"图层，单击"置为当前"按钮，将其设置为当前层，然后确认关闭"图层特性管理器"对话框。

（11）在当前层"实线"图层上利用"直线""圆""多段线"等命令绘制一系列图线。

（12）单击状态栏"对象捕捉"按钮，在该按钮上右击，在弹出的如图 3-23 所示的快捷菜单中，选择"设置"命令，系统打开"草图设置"对话框的"对象捕捉"选项卡，勾选"启用对象捕捉追踪"复选框，单击"全部选择"按钮，将所有特殊位置点设置为可捕捉状态，如图 3-24 所示。单击"极轴追踪"选项卡，勾选"启用极轴追踪"复选框，在"增量角"下拉列表框中选择 45，单击"用所有极轴角设置追踪"单选按钮，如图 3-25 所示。

（13）单击状态上的 ⌐ 、 ⊡ 和 ∠ 按钮。单击"绘图"工具栏中的"直线"按钮 ╱，将鼠标移向表示电感的多段线顶端，系统自动捕捉该端点为直线起点，单击确认，如图 3-26 所示。继续移动鼠标指向左边圆，捕捉到圆的圆心或象限点，向上移动鼠标，这时显示对象捕捉追踪虚线和水平垂直线的交点，如图 3-27 所示，在交点处单击确认，完成水平线段的绘制，继续向下移动鼠标，捕捉圆的上象限点，如图 3-28 所示，单击确认，最后回车，结果如图 3-29 所示。

图 3-23　快捷菜单

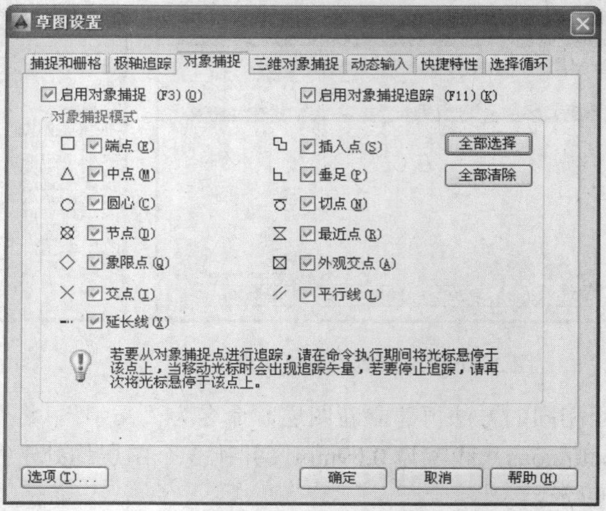

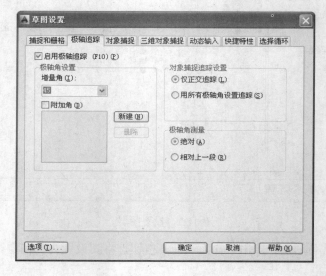

图 3-24　"对象捕捉"设置

图 3-25　"极轴追踪"设置

（14）用同样的方法绘制下面的导线，如图 3-30 所示。

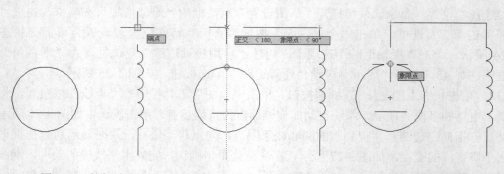

图 3-26　捕捉端点　　　　图 3-27　对象追踪　　　　图 3-28　捕捉象限点

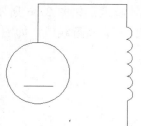

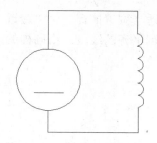

图 3-29 完成垂直直线的绘制   图 3-30 完成另一导线的绘制

（15）单击"绘图"工具栏中的"圆"按钮◎，移动鼠标指向左边圆，捕捉到圆的圆心，向右移动鼠标，这时显示对象捕捉追踪虚线，如图 3-31 所示，在追踪虚线上适当指定一点作为圆心，绘制适当大小的圆，如图 3-32 所示。

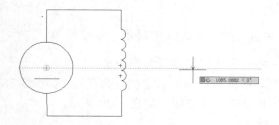

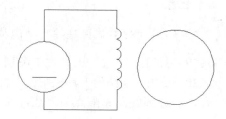

图 3-31 圆心追踪线   图 3-32 绘制圆

（16）单击"绘图"工具栏中的"直线"按钮，移动鼠标指向右边圆，捕捉到圆的圆心，向下移动鼠标，这时显示对象捕捉追踪虚线，如图 3-33 所示，在追踪虚线上适当指定一点作为直线端点，绘制适当长度的竖直线段，如图 3-34 所示。

 注意

在指定竖直下端点时，可以利用"实时缩放"功能将图形局部适当放大，这样可以避免系统自动捕捉到圆象限点作为端点。

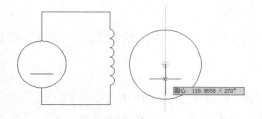

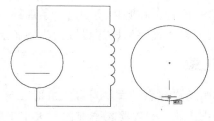

图 3-33 追踪捕捉线段端点   图 3-34 绘制竖直线段

（17）单击状态栏中的"正交"按钮，关闭正交功能。单击"绘图"工具栏中的"直线"按钮，捕捉刚绘制的线段的上端点为起点，绘制两条倾斜线段，利用"极轴追踪"功能，捕捉倾斜角度为±45°，结果如图 3-35 所示。

（18）单击状态栏中的"正交"按钮，打开正交功能。单击"绘图"工具栏中的"直线"按钮，捕捉右边圆的上象限点为起点，绘制一条适当长度的竖直线段。再次执行"直线"

命令，在圆弧上适当位置捕捉一个"最近点"作为直线起点，如图 3-36 所示，绘制一条与刚绘制竖直线段顶端平齐的线段。用同样的方法，绘制另一条竖直线段，如图 3-37 所示。

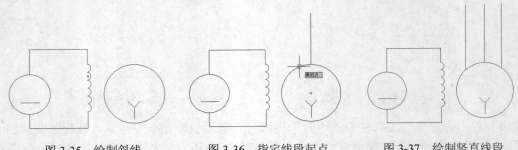

图 3-35　绘制斜线　　　　图 3-36　指定线段起点　　　　图 3-37　绘制竖直线段

 注意

> 这里利用"对象捕捉追踪"功能捕捉线段的终点，保证竖直线段顶端平齐。

（19）打开"图层"工具栏中图层下拉列表，将"虚线"层设置为当前层。

（20）单击"绘图"工具栏中的"直线"按钮，捕捉左边圆的右象限点为起点（如图 3-38 所示），右边圆的左象限点为终点，绘制一条适当长度的水平线段，如图 3-39 所示。

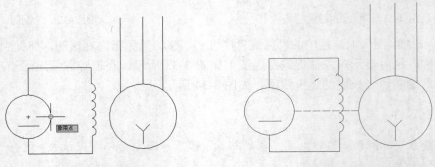

图 3-38　指定线段起点　　　　　　　　图 3-39　绘制虚线

（21）同理，在圆内绘制另一条虚线。

（22）将"文字"图层设置为当前图层，并在"文字"图层上绘制文字，如图 3-40 所示。

 注意

> 绘制的虚线在计算机屏幕上有时显示为实线，这是由于显示比例过小所致，放大图形后可以显示出虚线。如果要在当前图形大小下明确显示出虚线，可以单击该虚线，使之呈被选中状态，然后双击，打开"特性"对话框，该对话框中包含对象的各种参数，可以将其中的"线型比例"参数设置为比较大的数值，如图 3-41 所示。这样就可以在正常图形显示状态下清晰地看见虚线的细线段和间隔。
>
> "特性"对话框非常方便，读者应注意灵活使用。

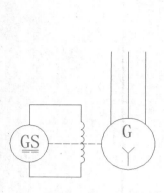

图 3-40　添加文字

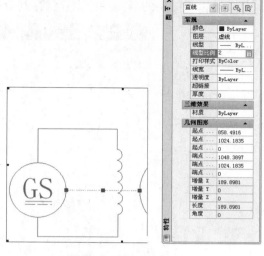

图 3-41　修改虚线参数

【知识点详解】

1. 图层特性管理器

AutoCAD 提供了详细直观的"图层特性管理器"对话框，用户可以方便地通过对该对话框中的各选项及其二级对话框进行设置，从而实现建立新图层、设置图层颜色及线型等各种操作。

（1）"新建特性过滤器"按钮 ：单击该按钮，打开"图层过滤器特性"对话框，如图 3-42 所示。从中可以基于一个或多个图层特性创建图层过滤器。

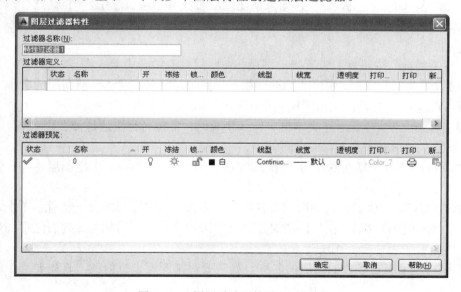

图 3-42　"图层过滤器特性"对话框

（2）"新建组过滤器"按钮 ：创建一个图层过滤器，其中包含用户选定并添加到该过滤器的图层。

（3）"图层状态管理器"按钮 ：单击该按钮，打开"图层状态管理器"对话框，如图 3-43

所示。从中可以将图层的当前特性设置保存到命名图层状态中，以后可以再恢复这些设置。

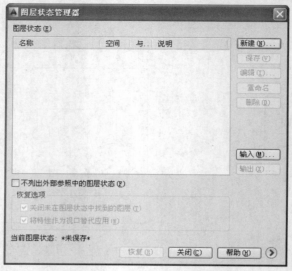

图 3-43 "图层状态管理器"对话框

（4）"新建图层"按钮：建立新图层。单击此按钮，图层列表中会出现一个名为"图层1"的新图层，用户可重命名此图层。要想同时产生多个图层，可选中一个图层名后，输入多个名称，各名称之间以逗号分隔。图层的名称可以包含字母、数字、空格和特殊符号，AutoCAD 2014 支持长达 255 个字符的图层名称。新图层继承了新建图层时所选中的已有图层的所有特性（颜色、线型、ON/OFF 状态等），如果新建图层时没有图层被选中，则新图层为默认设置。

（5）"删除图层"按钮：删除所选图层。在图层列表中选中某一图层，然后单击此按钮，可将该图层删除。

（6）"置为当前"按钮：设置当前图层。在图层列表中选中某一图层，然后单击此按钮，可把该图层设置为当前图层，并在"当前图层"一栏中显示其名称。当前图层的名称存储在系统变量 CLAYER 中。另外，双击图层名也可把该图层设置为当前图层。

（7）"搜索图层"文本框：在文本框中输入字符时，将按名称快速过滤图层列表。关闭"图层特性管理器"对话框时并不保存此过滤器。

（8）"反转过滤器"复选框：勾选此复选框，将显示所有不满足选定图层特性过滤器中条件的图层。

（9）图层列表区：显示已有的图层及其特性。要修改某一图层的某一特性，单击它所对应的图标即可。右击空白区域，在弹出的快捷菜单中可快速选中所有图层。列表区中各列的含义如下。

① 名称：显示满足条件的图层的名称。如果要对某图层进行修改，首先要选中该图层，使其逆反显示。

② 状态转换图标：在"图层特性管理器"对话框的"名称"栏前分别有一列图标，移动指针到图标上单击，可以打开或关闭该图标所代表的功能，或从详细数据区中选中或取消选中关闭（/）、锁定（/）、冻结（/）及不打印（/）等项目，各图标功能说明如表 3-2 所示。

表 3-2 各图标功能

图 示	名 称	功 能 说 明
♀ / ♀	打开/关闭	将图层设定为打开或关闭状态，当呈现关闭状态时，该图层上的所有对象将隐藏不显示，只有打开状态的图层会在屏幕上显示或由打印机打印出来。因此，绘制复杂的视图时，先将不编辑的图层暂时关闭，可降低图形的复杂性。如图 3-44（a）和图 3-45（b）所示分别表示文字标注图层打开和关闭的情形
☀ / ❄	解冻/冻结	将图层设定为解冻或冻结状态。当图层呈现冻结状态时，该图层上的对象均不会显示在屏幕上或由打印机打印出来，而且不会执行重生（REGEN）、缩放（ROOM）、平移（PAN）等命令的操作。因此，若将视图中不编辑的图层暂时冻结，可加快执行绘图编辑的速度。而 ♀/♀（打开/关闭）功能只是单纯地将对象隐藏，并不会加快执行速度
🔓 / 🔒	解锁/锁定	将图层设定为解锁或锁定状态。被锁定的图层，仍然显示在画面上，但不能使用编辑命令修改被锁定的对象，只能绘制新的对象，可防止重要的图形被修改
🖨 / 🖨	打印/不打印	设定该图层是否可以打印图形

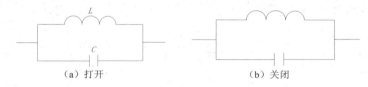

（a）打开　　　　　　　　　　　　（b）关闭

图 3-44　打开或关闭文字标注图层

③ 颜色：显示和改变图层的颜色。如果要改变某一图层的颜色，单击其对应的颜色图标，打开如图 3-19 所示的"选择颜色"对话框，用户可从中选取需要的颜色。

④ 线型：显示和修改图层的线型。如果要修改某一图层的线型，单击该图层的"线型"选项，打开"选择线型"对话框，如图 3-20 所示，其中列出了当前可用的线型，用户可从中选取。具体内容下节详细介绍。

⑤ 线宽：显示和修改图层的线宽。如果要修改某一图层的线宽，单击该图层的"线宽"选项，打开"线宽"对话框，如图 3-18 所示，其中列出了 AutoCAD 设定的线宽，用户可从中选取。"旧的"文本框显示前面赋予图层的线宽。当建立一个新图层时，采用默认线宽（0.25mm），默认线宽的值由系统变量 LWDEFAULT 设置。"新的"文本框显示赋予图层的新的线宽。

⑥ 打印样式：修改图层的打印样式，所谓打印样式是指打印图形时各项属性的设置。

2．极轴追踪

"极轴追踪"是指按指定的极轴角或极轴角的倍数对齐指定点的路径。"极轴追踪"必须配合"对象捕捉追踪"功能一起使用，即同时打开状态栏上的"极轴追踪"开关 ◢ 和"对象捕捉追踪"开关 □。

在命令行输入 DDOSNAP 命令或者选择"工具"菜单中的"绘图设置"命令，或者选择"对象捕捉"工具栏中的"对象捕捉设置"按钮 🔲，或者右击"极轴追踪"开关 ◢，在弹出的快捷菜单中选择"设置"命令，打开如图 3-25 所示的"草图设置"对话框，选择"极轴追踪"选项卡。其中各选项功能如下。

（1）"启用极轴追踪"复选框：选中该复选框，即启用极轴追踪功能。

（2）"极轴角设置"选项组：设置极轴角的值。可以在"增量角"下拉列表框中选择一种角度值。也可选中"附加角"复选框，单击"新建"按钮设置任意附加角，系统在进行极轴追踪时，同时追踪增量角和附加角，可以设置多个附加角。

（3）"对象捕捉追踪设置"和"极轴角测量"选项组：按界面提示设置相应单选按钮。

任务四　绘制电感符号（几何约束功能）

■【任务背景】

在绘制电气图形时，有些图线之间有一定的对应几何关系，比如相切、垂直、平行等，为了在绘图时严格保持这种对应的几何关系，AutoCAD 提供了几何约束功能。

本任务将通过电感符号的绘制过程来熟悉"几何约束"功能的使用方法。这里首先利用"圆弧""直线"命令分别绘制圆弧和两段直线，然后利用"相切"约束命令使直线与圆弧相切。具体绘制流程如图 3-45 所示。

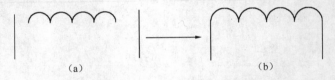

（a）　　　　　　　　　　　（b）

图 3-45　电感符号绘制流程

■【操作步骤】

（1）绘制绕线组。单击"绘图"工具栏中的"圆弧"按钮 ，绘制半径为 10mm 的半圆弧。单击"修改"工具栏中的"复制"按钮 ，将圆弧进行复制，如图 3-46 所示。

图 3-46　复制圆弧

（2）绘制引线。单击状态栏中的"正交"按钮 ，然后单击"绘图"工具栏中的"直线"按钮 ，绘制竖直向下的电感两端的引线，如图 3-47 所示。

（3）相切对象。在命令行中输入 GcTangent 命令或者单击"几何约束"工具栏中的"相切"按钮 ，选择需要约束的对象，使直线与圆弧相切，命令行提示与操作如下：

```
命令：_GcTangent
选择第一个对象：    //选择最左端圆弧
选择第二个对象：    //选择左侧竖直直线
```

（4）采用相同的方法建立右侧直线和圆弧的相切关系。结果如图 3-48 所示。

图 3-47　绘制引线　　　　　　　　图 3-48　直线和圆弧相切

【知识点详解】

　　几何约束建立起草图对象的几何特性（如要求某一直线具有固定长度）或是两个或更多草图对象的关系类型（如要求两条直线垂直或平行，或是几个弧具有相同的半径）。在图形区用户可以使用"参数化"选项卡内的"全部显示""全部隐藏"或"显示"来显示有关信息，并显示代表这些约束的直观标记（如图 3-49 所示的水平标记 ═ 和共线标记 ✓）。

　　使用几何约束，可以指定草图对象必须遵守的条件，或是草图对象之间必须维持的关系。几何约束面板及工具栏（面板在"参数化"标签内的"几何"面板中）如图 3-50 所示，其主要几何约束选项功能如表 3-6 所示。

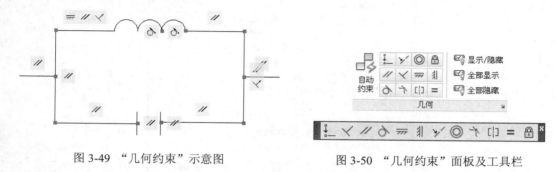

图 3-49　"几何约束"示意图　　　　　　　　图 3-50　"几何约束"面板及工具栏

表 3-6　几何约束选项功能

约束模式	功　　能
重合	约束两个点使其重合，或者约束一个点使其位于曲线（或曲线的延长线）上。可以使对象上的约束点与某个对象重合，也可以使其与另一对象上的约束点重合
共线	使两条或多条直线段在同一直线方向上
同心	将两个圆弧、圆或椭圆约束到同一个中心点。结果与将重合约束应用于曲线的中心点所产生的结果相同
固定	将几何约束应用于一对对象时，选择对象的顺序以及选择每个对象的点可能会影响对象彼此间的放置方式
平行	使选定的直线位于彼此平行的位置。平行约束在两个对象之间应用
垂直	使选定的直线位于彼此垂直的位置。垂直约束在两个对象之间应用
水平	使直线或点对位于与当前坐标系的 X 轴平行的位置。默认选择类型为对象
竖直	使直线或点对位于与当前坐标系的 Y 轴平行的位置
相切	将两条曲线约束为彼此相切或其延长线彼此相切。相切约束在两个对象之间应用
平滑	将样条曲线约束为连续，并与其他样条曲线、直线、圆弧或多段线保持 G2 连续性
对称	使选定对象受对称约束，相对于选定直线对称
相等	将选定圆弧和圆的尺寸重新调整为半径相同，或将选定直线的尺寸重新调整为长度相同

　　绘图中可指定二维对象或对象上的点之间的几何约束。之后编辑受约束的几何图形时，将保留约束。因此，通过使用几何约束，可以在图形中添加设计要求。

　　在命令行输入 CONSTRAINTSETTINGS 命令或者选择"参数"菜单中的"约束设置"命令，或者单击"参数化"工具栏中的"约束设置"按钮，或者在功能区选择"参数化"→"几何"→"几何约束设置"选项。系统打开"约束设置"对话框，在该对话框中选择"几何"

选项卡，如图 3-51 所示。利用此对话框可以控制约束栏中约束类型的显示。各选项功能如下。

（1）"约束栏显示设置"选项组：此选项组控制图形编辑器中是否为对象显示约束栏或约束点标记。例如，可以为水平约束和竖直约束隐藏约束栏的显示。

（2）"全部选择"按钮：选择几何约束类型。

（3）"全部清除"按钮：清除选定的几何约束类型。

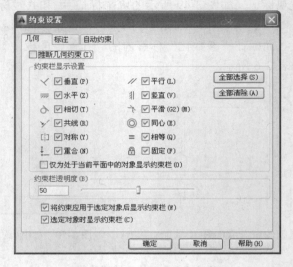

图 3-51 "约束设置"对话框

（4）"仅为处于当前平面中的对象显示约束栏"复选框：选中此复选框，仅为当前平面上受几何约束的对象显示约束栏。

（5）"约束栏透明度"选项组：设置图形中约束栏的透明度。

（6）"将约束应用于选定对象后显示约束栏"复选框：手动应用约束后或使用 AUTOCONSTRAIN 命令时显示相关约束栏。

任务五　修改电阻符号尺寸（尺寸约束）

■【任务背景】

在绘制电气图形时，有时候需要修改图线的长度等尺寸参数。这时可以利用尺寸约束功能来进行自动修改。

尺寸约束建立起草图对象的大小（如直线的长度、圆弧的半径等）或是两个对象之间的关系（如两点之间的距离）。

本任务将通过电阻符号尺寸的绘制过程来熟悉"尺寸约束"功能的使用方法。具体绘制流程如图 3-52 所示。

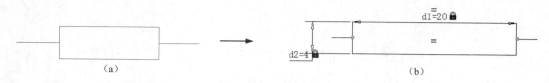

图 3-52 电阻符号尺寸绘制流程

■【操作步骤】

（1）单击"绘图"工具栏中的"直线"按钮 ✏ 和"矩形"按钮 ▭ ，选取适当尺寸绘制电阻，如图 3-53 所示。

（2）单击"几何约束"工具栏中的"相等"按钮 = ，使最上端水平线与下面各条水平线建立相等的几何约束，如图 3-54 所示。

图 3-53 绘制电阻   图 3-54 建立相等的几何约束

（3）单击"几何约束"工具栏中的"重合"按钮 ↳ ，使线 1 右端点和线 2 中点，线 4 左端点和线 3 的中点建立重合的几何约束，如图 3-55 所示。

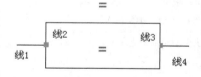

图 3-55 建立重合的几何约束

（4）在命令行中输入 DimConstraint 命令，单击"标注约束"工具栏中的"水平"按钮 ⤢ ，或选择菜单栏中的"参数"→ "标注约束"→ "水平"命令，更改水平尺寸。命令行提示与操作如下：

```
命令：_DimConstraint
当前设置： 约束形式 = 动态
选择要转换的关联标注或 [线性(LI)/水平(H)/竖直(V)/对齐(A)/角度(AN)/半径(R)/直径(D)/
形式(F)] <水平>：_Horizontal
指定第一个约束点或 [对象(O)] <对象>：    //单击最上端直线左端
指定第二个约束点：                      //单击最上端直线右端
指定尺寸线位置                          //在合适位置单击
标注文字 = 10                          //输入长度 20
```

（5）系统自动将长度 10 调整为 20，如图 3-56 所示。

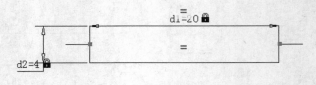

图 3-56　调整尺寸

■【知识点详解】

在命令行输入 CONSTRAINTSETTINGS 命令或者选择"参数"菜单中的"约束设置"命令，或者单击"参数化"工具栏中的"约束设置"按钮，或者在功能区选择"参数化"→"几何"→"几何约束设置"选项。系统打开"约束设置"对话框，在该对话框中，打开"标注"选项卡，如图 3-57 所示。利用此对话框可以控制约束栏上约束类型的显示。

（1）"标注约束格式"选项组：该选项组内可以设置标注名称格式和锁定图标的显示。

（2）"标注名称格式"下拉列表：为应用标注约束时显示的文字指定格式。下拉列表中有名称、值以及名称和表达式 3 个选项。

（3）"为注释性约束显示锁定图标"复选框：针对已应用注释性约束的对象显示锁定图标。

（4）"为选定对象显示隐藏的动态约束"复选框：显示选定时已设置为隐藏的动态约束。

图 3-57　"约束设置"对话框

模拟试题与上机实验 3

1．选择题

（1）在设置电路图图层线宽时，可能是（　　　）。

  A．0.15   B．0.01   C．0.33   D．0.09

（2）当捕捉设定的间距与栅格设定的间距不同时，（　　）。

  A．捕捉仍然只按栅格进行

  B．捕捉时按照捕捉间距进行

  C．捕捉既按栅格，又按捕捉间距进行

  D．无法设置

（3）如果某图层的对象不能被编辑,但能在屏幕上可见，且能捕捉该对象的特殊点和标注尺寸，该图层状态为（　　）。

  A．冻结   B．锁定   C．隐藏   D．块

（4）对某图层进行锁定后，则（　　）。

  A．图层中的对象不可编辑，但可添加对象

  B．图层中的对象不可编辑，也不可添加对象

  C．图层中的对象可编辑，也可添加对象

  D．图层中的对象可编辑，但不可添加对象

（5）不可以通过"图层过滤器特性"对话框过滤的特性是（　　）。

  A．图层名、颜色、线型、线宽和打印样式

  B．打开还是关闭图层

  C．解冻/冻结图层

  D．图层是 Bylayer 还是 ByBlock

（6）缺省状态下，若对象捕捉关闭，命令执行过程中，按住（　　）键，可以实现对象捕捉。

  A．【Shift】 B．【Shift+A】 C．【Shift+S】 D．【Alt】

（7）下列关于被固定约束圆心的圆的说法错误的是（　　）。

  A．可以移动圆 B．可以放大圆 C．可以偏移圆 D．可以复制圆

（8）对"极轴追踪"进行设置，把增量角设置为30°，附加角设置为10°，采用极轴追踪时，不会显示极轴对齐的是（　　）。

  A．10   B．30   C．40   D．60

2．上机实验题

实验1　绘制如图 3-58 所示的手动操作开关符号。

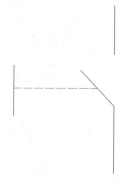

图 3-58　手动操作开关符号

◆ 目的要求

本实验主要利用图层工具，熟练图层设置的技巧。

◆ 操作提示

（1）设置两个新图层。

（2）配合使用精确定位工具绘制各图线。

实验2 绘制如图 3-59 所示的密闭插座符号。

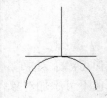

图 3-59 密闭插座符号

◆ 目的要求

本实验主要使用正交、对象捕捉工具，要求能够熟练使用这些工具快速绘图。

◆ 操作提示

利用精确定位工具绘制各图线。

项目四　绘制复杂电气图形符号

■【学习情境】

在前面的项目中，读者学习使用 AutoCAD 绘制简单电气图形符号的基本方法以及对应的 AutoCAD 命令的使用技巧。但是对于相对复杂的电气图形符号，前面所学的知识就不足以解决问题了，本项目帮助读者使用二维图形编辑命令来解决这些问题。

有一类命令叫做二维图形编辑命令，这类命令是在已经绘制图线的基础上，经过一些修改，进一步完成复杂图形对象的绘制工作。这些命令可使用户合理安排和组织图形，保证作图准确，减少重复。因此，对编辑命令的熟练掌握和使用有助于提高设计和绘图的效率。

■【能力目标】

➤ 掌握复制类命令。
➤ 熟悉改变位置类命令。
➤ 掌握改变几何特性类命令。
➤ 熟练绘制各种复杂电气图形符号。

■【课时安排】

8 课时（讲课 4 课时，练习 4 课时）

任务一　绘制二极管（镜像命令）

■【任务背景】

在绘制电气符号时，如果图形中出现了对称的图线，可以利用"镜像"命令来迅速完成。"镜像"命令是一种最简单的编辑命令，镜像对象是指把选择的对象围绕一条镜像线作对称复制。镜像操作完成后，可以保留原对象也可以将其删除。

本任务先使用"直线"命令绘制一侧的图形，再用"镜像"命令创建另一侧的图形，以此完成半导体二极管符号的绘制，具体的绘制流程如图 4-1 所示。

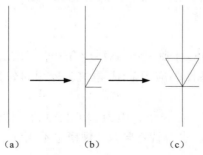

（a）　　　　　（b）　　　　　（c）

图 4-1　绘制半导体二极管符号流程图

■【操作步骤】

（1）绘制直线。单击"绘图"工具栏中的"直线"按钮 ，采用相对或者绝对输入方式，绘制一条起点为（100,100），长度为 150mm 的直线，如图 4-2 所示。

（2）绘制多段线。单击"绘图"工具栏中的"多段线"按钮 ，绘制二极管的上半部分。命令行提示与操作如下：

```
命令: _pline
指定起点: 120,150✓          //指定多段线起点在直线段的右上方，输入其绝对坐标为（120,150）
当前线宽为 0.0000           //按【Enter】键默认系统线宽
指定下一个点或 [圆弧(A)/半宽(H)/长度(L)/放弃(U)/宽度(W)]: _per 到   //按住【Shift】
键并右击，在弹出的快捷菜单中选择"垂足"命令，捕捉指定的起点到水平直线的垂足
指定下一点或 [圆弧(A)/闭合(C)/半宽(H)/长度(L)/放弃(U)/宽度(W)]: @40<60✓ //用极坐标
输入法，绘制长度为 40，与 X 轴正方向成 150°夹角的直线
指定下一点或 [圆弧(A)/闭合(C)/半宽(H)/长度(L)/放弃(U)/宽度(W)]: _per 到 //捕捉水平
直线的垂足
```

绘制的多段线效果如图 4-3 所示。

（3）镜像图形。在命令行输入 MIRROR 命令或者选择"修改"菜单中的"镜像"命令，或者单击"修改"工具栏中的"镜像"按钮 ，将绘制的多段线以竖直直线为轴进行镜像，生成二极管符号。命令行提示与操作如下：

```
命令: _mirror
选择对象:               //选择刚绘制的多段线
选择对象: ✓
指定镜像线的第一点:       //捕捉直线上任意一点
指定镜像线的第二点:       //捕捉直线上任意一点
要删除源对象吗? [是(Y)/否(N)] <N>: ✓
```

结果如图 4-4 所示。

图 4-2　绘制直线　　　　图 4-3　多段线效果　　　　图 4-4　半导体二极管符号

■【知识点详解】

从本项目开始，我们慢慢接触到一些相对复杂的电气图形，在这里简要介绍电气工程图的一些基本知识，包括电气工程图的应用范围、电气工程图的分类和电气工程图的特点等知识。

1. 电气工程的应用范围

电气工程包含的范围很广，如电子、电力、工业控制、建筑电气等，不同的应用范围其工程图的要求大致是相同的，但也有特定要求，规模也不相同。根据应用范围的不同，电气工程大致可分为以下几类。

（1）电力工程。

① 发电工程。根据不同电源性质，发电工程主要可分为火电、水电、核电三类。发电工程中的电气工程指的是发电厂电气设备的布置、接线、控制及其他附属项目。

② 线路工程。用于连接发电厂、变电站和各级电力用户的输电线路，包括内线工程和外线工程。内线工程指室内动力、照明电气线路及其他线路。外线工程指室外电源供电线路，包括架空电力线路、电缆电力线路等。

③ 变电工程。升压变电站将发电站发出的电能进行升压，以减少远距离输电的电能损失；降压变电站将电网中的高电压降为各级用户使用的低电压。

（2）电子工程。电子工程主要是应用于计算机、电话、广播、闭路电视和通信等众多领域的弱电信号线路和设备。

（3）建筑电气工程。建筑电气工程主要应用于工业与民用建筑领域的动力照明、电气设备、防雷接地等，包括各种动力设备、照明灯具、电器以及各种电气装置的保护接地、工作接地、防静电接地等。

（4）工业控制电气。工业控制电气主要用于机械、车辆及其他控制领域的电气设备，包括机床电气、电机电气、汽车电气和其他控制电气。

2．电气工程图的特点

电气工程图有如下特点。

（1）电气工程图的主要表现形式是简图。简图是采用标准的图形符号和带注释的框或者简化外形表示系统或设备中各组成部分之间相互关系的一种图。电气工程图中绝大部分采用简图的形式。

（2）电气工程图描述的主要内容是元件和连接线。一种电气设备主要由电气元件和连接线组成。因此，无论电路图、系统图，还是接线图和平面图都是以电气元件和连接线作为描述的主要内容。也正因为对电气元件和连接线有多种不同的描述方式，从而构成了电气工程图的多样性。

（3）电气工程图的基本要素是图形、文字和项目代号。一个电气系统或装置通常由许多部件、组件构成，这些部件、组件或者功能模块称为项目。项目一般由简单的符号表示，这些符号就是图形符号。通常每个图形符号都有相应的文字符号。在同一个图上，为了区别相同的设备，需要给设备编号。设备编号和文字符号一起构成项目代号。

（4）电气工程图的两种基本布局方法是功能布局法和位置布局法。功能布局法指在绘图时，图中各元件的位置只考虑元件之间的功能关系，而不考虑元件的实际位置的一种布局方法。电气工程图中的系统图、电路图采用的是这种方法。

位置布局法是指电气工程图中的元件位置对应于元件的实际位置的一种布局方法。电气工程图中的接线图、设备布置图采用的是这种方法。

（5）电气工程图具有多样性。不同的描述方法，如能量流、逻辑流、信息流、功能流等，形成了不同的电气工程图。系统图、电路图、框图、接线图是描述能量流和信息流的电气工程图；逻辑图是描述逻辑流的电气工程图；功能表图、程序框图描述的是功能流。

3．电气工程图的种类

电气工程图一方面可以根据功能和使用场合分为不同的类别，另一方面各种类别的电气工程图都有某些联系和共同点，不同类别的电气工程图适用于不同的场合，其表达工程含义的侧重点也不尽相同。对于不同专业和在不同场合下，只要是按照同一种用途绘成的电气图，不仅在表达方式与方法上必须是统一的，而且在图的分类与属性上也应该一致。

电气工程图用来阐述电气工程的构成和功能，描述电气装置的工作原理，提供安装和维护使用的信息，辅助电气工程研究和指导电气工程实践施工等。电气工程的规模不同，那么该项工程的电气图的种类和数量也不同。电气工程图的种类跟工程的规模有关，较大规模的电气工程通常要包含更多种类的电气工程图，从不同的侧面表达不同侧重点的工程含义。一般来讲，一项电气工程的电气图通常装订成册，包含以下内容。

（1）目录和前言。电气工程图的目录好比书的目录，便于资料系统化和检索图样，方便查阅，由序号、图样名称、编号、张数等构成。

前言中一般包括设计说明、图例、设备材料明细表、工程经费概算等。设计说明的主要目的在于阐述电气工程设计的依据、基本指导思想与原则，图样中未能清楚表明的工程特点、安装方法、工艺要求、特设设备的安装使用说明，以及有关的注意事项等的补充说明。图例就是图形符号，一般在前言中只列出本图样涉及的一些特殊图例，通常图例都有约定俗成的图形格式，可以通过查询国家标准和电气工程手册获得。设备材料明细表列出该电气工程所需的主要电气设备和材料的名称、型号、规格和数量，可供实验准备、经费预算和购置设备材料时参考。工程经费概算用于大致统计该套电气工程所需的费用，可以作为工程经费预算和决算的重要依据。

（2）电气系统图和框图。系统图是一种简图，由符号或带注释的框绘制而成，用来概略表示系统、分系统、成套装置或设备的基本组成、相互关系及其主要特征，为进一步编制详细的技术文件提供依据，供操作和维修时参考。系统图是绘制比其层次低的其他各种电气工程图（主要是指电路图）的主要依据。

系统图对布局有很高的要求，强调布局清晰，以利于识别过程和信息的流向。基本的流向应该是由左至右或者由上至下，如图4-5所示为电机控制系统图。在某些特殊情况下可例外，例如用于表达非电工程中的电气控制系统或者电气控制设备的系统图和框图，可以根据非电过程的流程图绘制，但是图中的控制信号应该与过程的流向相互垂直，以便于识别，如图4-6所示为某轧钢厂的系统图。

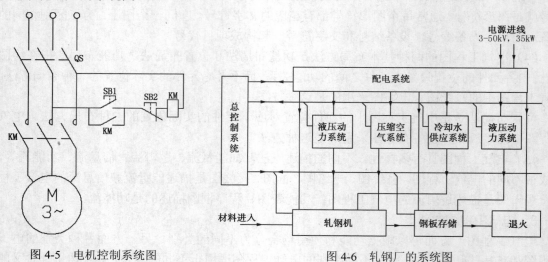

图4-5　电机控制系统图　　　　　　　　　图4-6　轧钢厂的系统图

（3）电路图。电路图是用图形符号绘制，并按工作顺序排列，详细表示电路、设备或成套装置的全部基本组成部分的连接关系，侧重表达电气工程的逻辑关系，而不考虑其实际位置的一种简图。电路图的用途很广，可以用于详细地理解电路、设备或成套装置及其组成部分的作用原理，可分析和计算电路特性，为测试和寻找故障提供信息，并作为编制接线图的依据，简单的电路图还可以直接用于接线。

电路图的布图应突出表示功能的组合和性能。每个功能级都应以适当的方式加以区分，突出信息流及各级之间的功能关系，其中使用的图形符号，必须具有完整形式，元件画法简单而且符合国家规范。电路图应根据使用对象的不同需要，增注相应的补充信息，特别是应该尽可能地给出维修所需的各种详细资料，例如项目的型号与规格，表明测试点，并给出有关的测试数据（各种检测值）和资料（波形图）等。如图 4-7 所示为 CA6140 车床电气设备电路图。

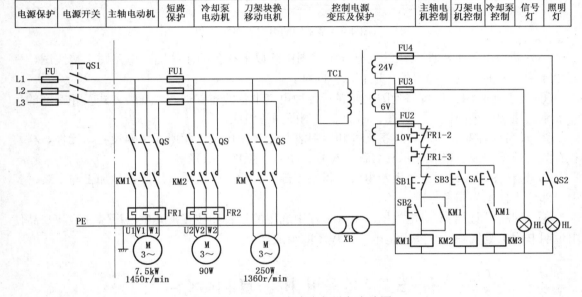

图 4-7　CA6140 车床电气设备电路图

（4）电气接线图。接线图是用符号表示成套装置，设备或装置的内部、外部各种连接关系的一种简图，便于安装接线及维护。

电气接线图中的每个端子都必须注出元件的端子代号，连接导线的两端子必须在工程中统一编号。接线图布图时，应大体按照各个项目的相对位置进行布置，连接线可以用连续线方式画，也可以用断线方式画。如图 4-8 所示，不在同一张图的连接线可采用断线画法。

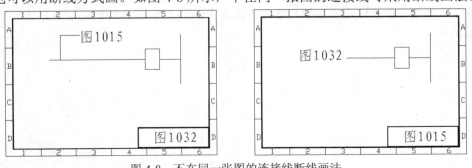

图 4-8　不在同一张图的连接线断线画法

（5）电气平面图。电气平面图主要表示某一电气工程中电气设备、装置和线路的平面布置。它一般是在建筑平面的基础上绘制出来的。常见的电气平面图有线路平面图、变电所平面图、照明平面图、弱点系统平面图、防雷与接地平面图等。如图4-9所示为某车间的电气平面图。

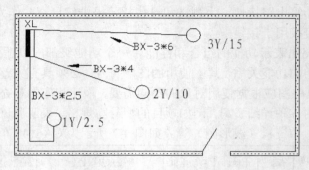

图4-9 某车间的电气平面图

（6）其他电气工程图。在常见电气工程图中除以上提到的系统图、电路图、接线图、平面图4种主要的电气工程图外，还有以下四种。

① 设备布置图。设备布置图主要表示各种电气设备的布置形式、安装方式及相互间的尺寸关系，通常由平面图、立体图、断面图、剖面图等组成。

② 设备元件和材料表。设备元件和材料表是把某一电气工程所需主要设备、元件、材料和有关的数据列成表格，表示其名称、符号、型号、规格、数量等。

③ 大样图。大样图主要表示电气工程某一部件、构件的结构，用于指导加工与安装，其中一部分大样图为国家标准。

④ 产品使用说明书用电气图。电气工程中选用的设备和装置，其生产厂家往往随产品使用说明书附上电气图，这些也是电气工程图的组成部分。

任务二 绘制电桥（复制命令）

■【任务背景】

在绘制电气符号时，如果图形中有相同的图线需要绘制，可以使用"复制"命令来迅速完成，这样可以大大提高绘图效率，简化图形的绘制。

本任务首先使用"直线"命令绘制基本的图线，再使用"镜像"命令和"复制"命令完成重复图线的绘制，最后使用"删除"命令删除多余的图线完成电桥的绘制，具体的绘制流程图如图4-10所示。

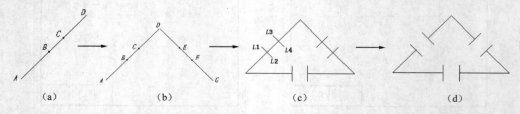

图4-10 绘制电桥

■【操作步骤】

（1）绘制直线。单击"绘图"工具栏中的"直线"按钮 ✐，开启"极轴追踪"模式，以点（100，100）为起点，绘制一条长度为 20mm，与水平方向成 45°角的直线 AB。

（2）单击"绘图"工具栏中的"直线"按钮 ✐，以点 B 为起点，沿 AB 方向绘制长度为 10mm 的直线 BC。使用同样的方法，以点 C 为起点，绘制长度为 20mm 的直线 CD，如图 4-11 所示。

（3）使用同样的方法，以 D 为起点绘制 3 条与水平方向成 135°角，长度分别为 20mm、10mm 和 20mm 的直线 DE、EF 和 FG，如图 4-12 所示。

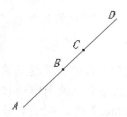

图 4-11　绘制倾斜直线 1

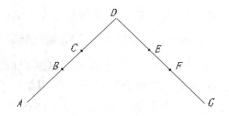

图 4-12　绘制倾斜直线 2

（4）绘制水平直线。单击"绘图"工具栏中的"直线"按钮 ✐，开启"对象捕捉"模式，以捕捉点 A 作为起点，向右绘制一条长度为 30.4mm 的水平直线 AM；捕捉 G 点作为起点，向左绘制一条长度为 30.4mm 的水平直线。

（5）绘制倾斜直线。单击"绘图"工具栏中的"直线"按钮 ✐，开启"对象捕捉"和"极轴追踪"模式，捕捉 B 点作为起点，绘制一条与水平方向成 135°角，长度为 5mm 的直线 $L1$。

（6）镜像直线。单击"修改"工具栏中的"镜像"按钮 ⚊，选择直线 $L1$ 为镜像对象，以直线 BC 为镜像线进行镜像操作，得到直线 $L2$。

（7）复制直线。在命令行输入 COPY 命令或者选择"修改"菜单中的"复制"命令，或者单击"修改"工具栏中的"复制"按钮 ✎，复制直线 $L1$ 和直线 $L2$，得到直线 $L3$ 和直线 $L4$，命令行提示与操作如下：

```
命令: _copy
选择对象:      //选择直线 L1
选择对象:      //选择直线 L2
当前设置:  复制模式 = 多个
指定基点或 [位移(D)/模式(O)] <位移>:              //指定 B 点为基点
指定第二个点或 [阵列(A)] <使用第一个点作为位移>:    //指定 C 点为复制放置点
指定第二个点或 [阵列(A)/退出(E)/放弃(U)] <退出>:↙
```

（8）绘制直线。使用同样的方法，在其余位置绘制直线，如图 4-13 所示。

（9）删除直线。在命令行输入 ERASE 命令或者选择"修改"菜单中的"删除"命令，或者单击"修改"工具栏中的"删除"按钮 ✐，将图中多余的直线删除，得到如图 4-14 所示的结果，完成电桥符号的绘制。

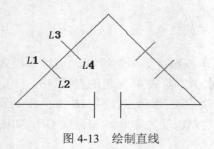

图 4-13　绘制直线　　　　　　　　　　　图 4-14　电桥符号

■【知识点详解】

在"复制"命令的命令行提示中，各选项含义如下。

（1）指定基点。指定一个坐标点后，AutoCAD 把该点作为复制对象的基点，并提示：

> 指定第二个点或 [阵列(A)] <使用第一个点作为位移>：

指定第二个点后，系统将根据这两点确定的位移矢量把选择的对象复制到第二点处。如果此时直接回车，即选择默认的"使用第一个点作位移"，则第一个点被当作相对于 X、Y、Z 的位移。例如，指定基点为（2，3）并在下一个提示下按【Enter】键，则该对象从它当前的位置开始在 X 方向上移动 2 个单位，在 Y 方向上移动 3 个单位。复制完成后，系统会继续提示：

> 指定第二个点或 [阵列(A)/退出(E)/放弃(U)] <退出>：

这时，可以不断指定新的第二个点，从而实现多重复制。

（2）位移(D)。直接输入位移值，表示以选择对象时的拾取点为基准，以拾取点坐标纵横比为移动方向移动指定位移后确定的点为基点。例如，选择对象时拾取点坐标为（2，3），输入位移为 5，则表示以（2，3）点为基准，沿纵横比为 3 : 2 的方向移动 5 个单位所确定的点为基点。

（3）模式(O)。控制是否自动重复该命令。该设置由 COPYMODE 系统变量控制。

任务三　绘制点火分离器（阵列命令）

■【任务背景】

在绘制电气符号时，如果图形中出现了图线需要多重复制，可以利用"阵列"命令来迅速完成。建立阵列是指选择多重复制的对象并把这些副本按矩形、环形或者沿路径排列。把副本按矩形排列称为建立矩形阵列，把副本按环形排列称为建立极阵列。建立极阵列时，应该控制复制对象的次数和对象是否被旋转；建立矩形阵列时，应该控制行和列的数量以及对象副本之间的距离。

AutoCAD 2014 提供 ARRAY 命令建立阵列。用该命令可以建立矩形阵列、极阵列（环形）和路径阵列。

本任务以如图 4-15 所示的点火分离器为例，先使用"圆""多段线"和"直线"命令绘制基本的图线，再利用"环形阵列"命令完成重复图线的绘制。

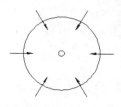

图 4-15 点火分离器

■【操作步骤】

（1）绘制圆。单击"绘图"工具栏中的"圆"按钮⊘，以（50，50）为圆心，分别绘制半径为 1.5mm 和 20mm 的圆，如图 4-16 所示。

（2）绘制箭头。单击"绘图"工具栏中的"多段线"按钮⌐⌐，通过改变线宽绘制箭头。起点宽度为 0，终点宽度为 1mm，绘制方法在前面绘制三极管时已讲解，箭头尺寸如图 4-17 所示。利用对象捕捉功能，使箭头的尾部位于圆 2 的最右边象限点上，如图 4-18 所示。

（3）绘制水平直线。单击"绘图"工具栏中的"直线"按钮╱，启动"对象捕捉"和"正交"模式，以箭头尾部为起点，向右绘制一条长度为 7mm 的水平直线，如图 4-19 所示。

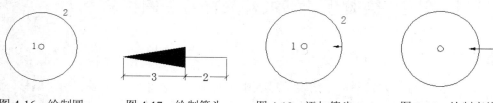

图 4-16 绘制圆　　　图 4-17 绘制箭头　　　图 4-18 添加箭头　　　图 4-19 绘制直线

（4）阵列箭头。在命令行输入 ARRAY 命令或者选择"修改"菜单中的"阵列→环形阵列"命令，或者单击"修改"工具栏中的"环形阵列"按钮▒，阵列步骤 2，3 中绘制的箭头和直线。命令行操作与提示如下：

```
命令：ARRAY✓
选择对象：            //选择箭头和直线
输入阵列类型 [矩形(R)/路径(PA)/极轴(PO)] <矩形>:PO✓
类型 = 极轴　关联 = 是
指定阵列的中心点或[基点(B)/旋转轴(A)]：            //捕捉圆心
选择夹点以编辑阵列或 [关联(AS)/基点(B)/项目(I)/项目间角度(A)/填充角度(F)/行(ROW)/层
(L)/旋转项目(ROT)/退出(X)] <退出>：i✓
输入阵列中的项目数或 [表达式(E)] <6>:6✓
选择夹点以编辑阵列或 [关联(AS)/基点(B)/项目(I)/项目间角度(A)/填充角度(F)/行(ROW)/层
(L)/旋转项目(ROT)/退出(X)] <退出>：f✓
指定填充角度(+=逆时针、-=顺时针) 或 [表达式(EX)] <360>:✓
选择夹点以编辑阵列或 [关联(AS)/基点(B)/项目(I)/项目间角度(A)/填充角度(F)/行(ROW)/层
(L)/旋转项目(ROT)/退出(X)] <退出>:✓
```

阵列效果如图 4-15 所示，至此完成了点火分离器符号的绘制。

■【知识点详解】

在"阵列"命令的命令行提示中，各选项含义如下。

（1）矩形(R)：选择矩形阵列的方式。

（2）路径(PA)：选择路径阵列的方式。

（3）极轴(PO)：选择环形阵列的方式。

（4）基点(B)：指定阵列的基点。

（5）旋转轴(A)：指定阵列的旋转轴进行三维空间的阵列。

（6）关联(AS)：指定是否在阵列中创建项目作为关联阵列对象，或作为独立对象。

（7）项目(I)：指定阵列的数目。

（8）项目间角度(A)：指定阵列对象间的间隔角度。

（9）填充角度(F)：指定所有阵列对象总的间隔角度。

（10）行(ROW)：指定阵列中的行数和行间距。

（11）层(L)：指定阵列中的层数和层间距。

（12）旋转项目(ROT)：指定是否在阵列的同时旋转对象。

（13）表达式(E)：使用数学公式或方程式获取值。

（14）退出(X)：退出命令。

任务四 绘制手动三级开关符号（偏移命令）

■【任务背景】

在绘制电气符号时，如果图形中出现了形状相同的图线需要绘制，可以利用"偏移"命令来迅速完成。偏移对象是指保持选择的对象的形状，在不同的位置以不同的尺寸新建一个对象。

本任务先使用"直线"命令绘制一级开关，再使用"偏移""复制"命令创建二、三级开关，最后使用"直线"命令将开关补充完整，完成手动三级开关符号的绘制，具体绘制流程如图4-20所示。

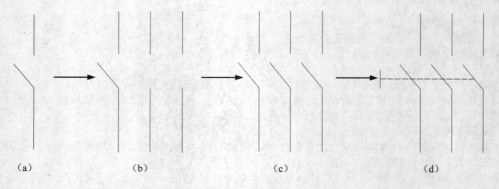

（a）　　　　　　（b）　　　　　　（c）　　　　　　（d）

图4-20　绘制手动三级开关符号

■【操作步骤】

（1）结合"正交"和"对象追踪"功能，单击"绘图"工具栏中的"直线"按钮 ，绘制3条直线，完成第一级开关的绘制，如图4-21所示。

（2）在命令行输入OFFSET命令或者选择"修改"菜单中的"偏移"命令，或者单击"修改"工具栏中的"偏移 "按钮⚏，命令行提示与操作如下：

```
命令：_offset
当前设置：删除源=否  图层=源  OFFSETGAPTYPE=0
指定偏移距离或 [通过(T)/删除(E)/图层(L)] <通过>：    //在适当位置指定一点，如图 4-22 所
示图中点 1
指定第二点：                              //水平向右的适当位置指定一点，如图 4-22 所示图中点 2
选择要偏移的对象，或 [退出(E)/放弃(U)] <退出>：            //选择一条竖直直线
指定要偏移的那一侧上的点，或 [退出(E)/多个(M)/放弃(U)] <退出>：  //向右指定一点
选择要偏移的对象，或 [退出(E)/放弃(U)] <退出>：            //指定另一条竖线
指定要偏移的那一侧上的点，或 [退出(E)/多个(M)/放弃(U)] <退出>：  //向右指定一点
选择要偏移的对象，或 [退出(E)/放弃(U)] <退出>：✓
```

结果如图 4-23 所示。

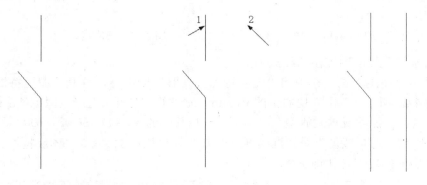

图 4-21 绘制第一级开关   图 4-22 指定偏移距离   图 4-23 偏移结果

 注意

偏移是将对象按指定的距离沿对象的垂直或法线方向进行复制，在本实例中，如果采用与上面设置中相同的距离将斜线进行偏移，就会得到如图 4-24 所示的结果，与我们设想的结果不一样，这是初学者应该注意的地方。

（3）单击"修改"工具栏中的"偏移 "按钮⚏，绘制第三级开关的竖线，具体操作方法与上面相同，只是在命令行出现提示：

```
指定偏移距离或 [通过(T)/删除(E)/图层(L)] <190.4771>：
```

时直接按【Enter】键，接受上一次偏移指定的偏移距离为本次偏移的默认距离，结果如图 4-25所示。

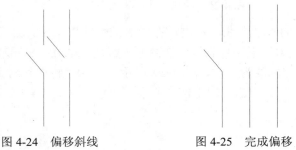

图 4-24 偏移斜线   图 4-25 完成偏移

（4）单击"修改"工具栏中的"复制"按钮，复制斜线，捕捉基点和目标点分别为对应的竖线端点，结果如图4-26所示。

（5）单击"绘图"工具栏中的"直线"按钮，结合"对象捕捉"功能绘制一条竖直线和一条水平线，结果如图4-27所示。

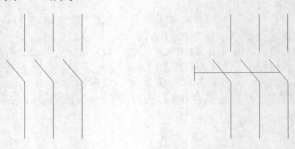

图4-26　复制斜线　　　　　图4-27　绘制直线

下面将水平直线的图线由实线改为虚线。

（6）单击"图层"工具栏中的"图层特性管理器"按钮，打开"图层特性管理器"对话框，如图4-28所示，双击0层右侧的Continuous线型，打开"选择线型"对话框，单击"加载"按钮，打开"加载或重载线型"对话框，选择其中的ACAD_ISO02W100线型，单击"确定"按钮，回到"选择线型"对话框，再次单击"确定"按钮，回到"图层特性管理器"对话框，最后单击"确定"按钮退出。

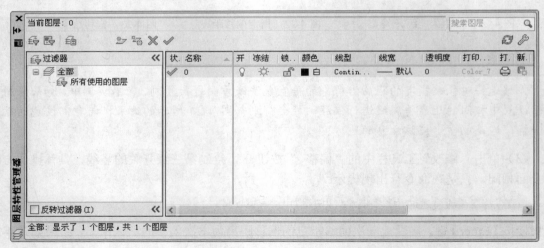

图4-28　"图层特性管理器"对话框

（7）选择上面绘制的水平直线，右击，在弹出的快捷菜单中，选择"特性"命令，打开"特性"对话框，在"线型"下拉列表框中选择刚加载的ACAD_ISO02W100线型，在"线型比例"文本框中将线型比例改为3，如图4-29所示，关闭"特性"对话框，可以看到水平直线的线型已经改为虚线，最终结果如图4-30所示。

图 4-29 "特性"对话框

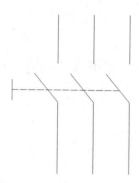

图 4-30 手动三级开关

【知识点详解】

在"偏移"命令的命令行提示中，各选项含义如下。

（1）指定偏移距离：输入一个距离值，或直接按【Enter】键使用当前的距离值，系统把该距离值作为偏移距离，如图 4-31（a）所示。

（2）通过(T)：指定偏移的通过点。选择该选项后出现如下提示：

> 选择要偏移的对象或 <退出>： 　　　　//选择要偏移的对象。按【Enter】键会结束操作
> 指定通过点： 　　　　//指定偏移对象的一个通过点

操作完毕后，系统根据指定的通过点绘制出偏移对象，如图 4-31（b）所示。

（a）指定偏移距离　　　　　　　　　　　　　　　（b）通过点

图 4-31 偏移选项说明（一）

（3）删除(E)：偏移源对象后将其删除，如图 4-32（a）所示。选择该项，系统提示：

> 要在偏移后删除源对象吗？ ［是(Y)/否(N)］ <当前>： 　　　　//输入 Y 或 N

（4）图层(L)：确定将偏移对象创建在当前图层上还是源对象所在的图层上，这样就可以在不同图层上偏移对象。选择该项，系统提示：

> 输入偏移对象的图层选项 ［当前(C)/源(S)］ <当前>： 　　　　//输入选项

如果偏移对象的图层选择为当前层，则偏移对象的图层特性与当前图层相同，如图 4-32（b）所示。

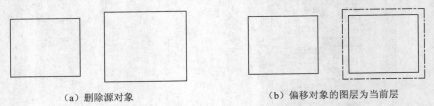

（a）删除源对象 　　　　　　　　　　　　（b）偏移对象的图层为当前层

图 4-32　偏移选项说明（二）

（5）多个(M)：使用当前偏移距离重复进行偏移操作，并接受附加的通过点，如图 4-33所示。

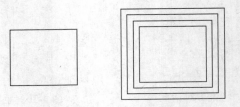

图 4-33　偏移选项说明（三）

注意

可以使用"偏移"命令对指定的直线、圆弧、圆等对象作定距离偏移复制。在实际应用中，常使用"偏移"命令的特性创建平行线或等距离分布图形，效果与"阵列"命令相同。默认情况下，需要先指定偏移距离，再选择要偏移复制的对象，然后指定偏移方向，以复制出对象。

任务五　绘制电极探头符号（移动、旋转命令）

■【任务背景】

在绘制电气符号时，有时候需要按照指定要求改变当前图形或图形中某部分的位置，这时候可以利用"移动""旋转"等命令来完成绘图。

本任务先使用"直线"和"移动"命令绘制探头的一部分，然后进行旋转复制绘制另一半，最后添加填充，完成电极探头符号的绘制。具体绘制流程如图 4-34 所示。

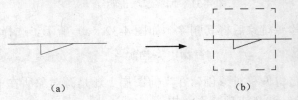

（a）　　　　　　　　　　　　　　　（b）

图 4-34　绘制电极探头符号

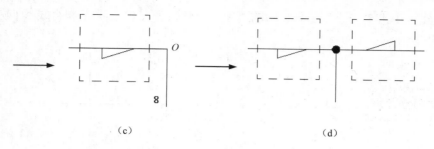

（c）　　　　　　　　　　（d）

图 4-34　绘制电极探头符号（续）

■【操作步骤】

（1）绘制三角形。单击"绘图"工具栏中的"直线"按钮，分别绘制直线 1{(0,0), (33,0)}、直线 2{(10,0), (10,-4)}、直线 3{(10,-4), (21,0)}，这 3 条直线构成一个直角三角形，如图 4-35 所示。

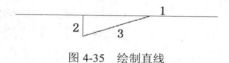

图 4-35　绘制直线

（2）绘制竖直直线。单击"绘图"工具栏中的"直线"按钮，开启"对象捕捉"和"正交"模式，捕捉直线 1 的左端点，以其为起点，向上绘制长度为 12mm 的直线 4，如图 4-36 所示。

（3）移动直线。在命令行输入 MOVE 命令或者选择"修改"菜单中的"移动"命令，或者单击"修改"工具栏中的"移动"按钮，将直线 4 向右平移 3.5mm。命令行提示与操作如下：

```
命令：MOVE↙
选择对象：         //选择直线4
指定基点或位移：    //任意指定一点
指定基点或 [位移(D)] <位移>:@35,0↙
指定第二个点或 <使用第一个点作为位移>:↙
```

（4）修改直线线型。新建一个名为"虚线层"的图层，线型为虚线。选中直线 4，单击"图层"工具栏中的下拉按钮，在弹出的下拉菜单中选择"虚线层"选项，将其图层属性设置为"虚线层"，修改后的效果如图 4-37 所示。

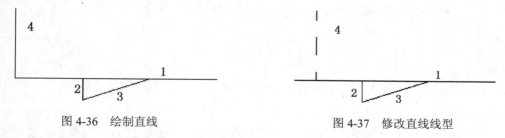

图 4-36　绘制直线　　　　　　图 4-37　修改直线线型

（5）镜像直线。单击"修改"工具栏中的"镜像"按钮，选择直线 4 为镜像对象，以直线 1 为镜像线进行镜像操作，得到直线 5，如图 4-38 所示。

（6）偏移直线。单击"修改"工具栏中的"偏移"按钮，将直线 4 和直线 5 向右偏移 24mm，如图 4-39 所示。

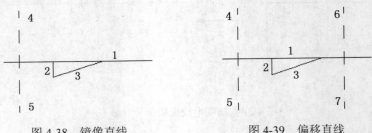

图 4-38　镜像直线　　　　　图 4-39　偏移直线

（7）绘制水平直线。单击"绘图"工具栏中的"直线"按钮，在"对象捕捉"绘图方式下，用鼠标分别捕捉直线 4 和直线 6 的上端点，绘制直线 8。使用相同的方法绘制直线 9，得到两条水平直线。

（8）更改图层属性。选中直线 8 和直线 9，单击"图层"工具栏中的下拉按钮，在弹出的下拉菜单中选择"虚线层"选项，将其图层属性设置为"虚线层"，如图 4-40 所示。

（9）绘制竖直直线。返回实线层，单击"绘图"工具栏中的"直线"按钮，开启"对象捕捉"和"正交"模式，捕捉直线 1 的右端点，以其为起点向下绘制一条长度为 20mm 的竖直直线，如图 4-41 所示。

图 4-40　更改图层属性　　　　　图 4-41　绘制竖直直线

（10）旋转图形。在命令行输入 ROTATE 命令或者选择"修改"菜单中的"旋转"命令，或者单击"修改"工具栏中的"旋转"按钮，选择直线 10 左侧的图形作为旋转对象，选择 O 点作为旋转基点，进行旋转操作。命令行提示与操作如下：

```
命令：_rotate
UCS 当前的正角方向：ANGDIR=逆时针　ANGBASE=0
选择对象：指定对角点：找到 9 个　　　//用矩形框选择旋转对象
选择对象：↙
指定基点：　　　　　　　　　　　　//选择 O 点
指定旋转角度，或 [复制(C)/参照(R)] <180>：c↙
旋转一组选定对象
指定旋转角度，或 [复制(C)/参照(R)] <180>：180↙
```

旋转结果如图 4-42 所示。

（11）绘制圆。单击"绘图"工具栏中的"圆"按钮，捕捉 O 点作为圆心，绘制一个半径为 1.5mm 的圆。

（12）填充圆。选择菜单栏中的"绘图"→"图案填充"命令，弹出"图案填充和渐变色"对话框，选择 SOLID 图案，其他选项保持系统默认设置。选择步骤（11）中绘制的圆作为填充边界，填充结果如图 4-43 所示。至此，电极探头符号绘制完成。

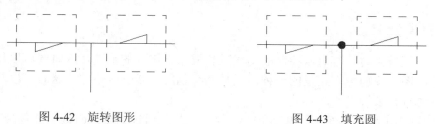

图 4-42　旋转图形　　　　　　　　图 4-43　填充圆

【知识点详解】

在"旋转"命令的命令行提示中，各选项含义如下。

（1）复制(C)：选择该选项，旋转对象的同时保留原对象，如图 4-44 所示。

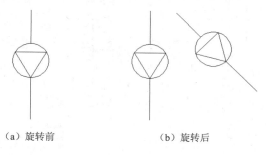

（a）旋转前　　　　　　　（b）旋转后

图 4-44　复制旋转

（2）参照(R)：采用"参照"方式旋转对象时，系统提示：

```
指定参照角 <0>:        //指定要参考的角度，默认值为 0
指定新角度:            //输入旋转后的角度值
```

操作完毕后，对象被旋转至指定的角度位置。

注意

可以用拖动鼠标的方法旋转对象。选择对象并指定基点后，从基点到当前光标位置会出现一条连线，移动鼠标，选择的对象会动态地随着该连线与水平方向的夹角的变化而旋转，按【Enter】键可确认旋转操作，如图 4-45 所示。

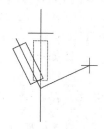

图 4-45　拖动鼠标旋转对象

任务六　绘制带燃油泵电机符号（修剪、拉长命令）

■【任务背景】

在绘制电气符号时，有时候绘制的图线过长或超出需要的范围，这时候可以使用"修剪"命令把多余的图线修剪掉。相反的一种情况是，绘制的图线长度不够，这时可以利用"拉长"命令将图线进行拉长。

本任务先使用"圆"和"直线"命令绘制一个圆与通过圆心的直线并将绘制后的图形复制，再使用"直线""偏移""剪切"等命令绘制连接处，然后使用"直线"命令创建三角形，最后使用"图案填充"命令将三角形填充并使用"多行文字"命令进行文字标注，完成带燃油泵电机符号的绘制，具体绘制流程如图4-46所示。

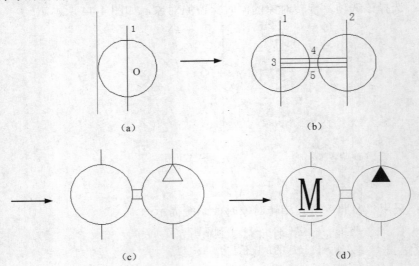

图4-46　绘制带燃油泵电机符号流程图

■【操作步骤】

（1）绘制圆。单击"绘图"工具栏中的"圆"按钮⊘，以（200,50）为圆心，绘制一个半径为10mm的圆O，如图4-47所示。

（2）绘制竖直直线。单击"绘图"工具栏中的"直线"按钮╱，开启"对象捕捉"和"正交"模式，以圆心为起点，绘制一条长度为15mm的竖直直线1，如图4-48所示。

（3）拉长直线。在命令行输入LENGTHEN命令或者选择"修改"菜单中的"拉长"命令，将直线1向下拉长15mm，命令行提示与操作如下：

```
命令：_lengthen
选择对象或 [增量(DE)/百分数(P)/全部(T)/动态(DY)]：DE↙
输入长度增量或 [角度(A)] <0.0000>：15↙
选择要修改的对象或 [放弃(U)]：              //选择直线1
选择要修改的对象或 [放弃(U)]：↙
```

结果如图 4-49 所示。

图 4-47　绘制圆

图 4-48　绘制竖直直线

图 4-49　拉长直线

（4）复制图形。单击"修改"工具栏中的"复制"按钮，复制绘制的圆 O 与直线 1，并向右平移 24mm，如图 4-50 所示。

（5）绘制水平直线。单击"绘图"工具栏中的"直线"按钮，开启"对象捕捉"模式，捕捉两圆的圆心，绘制水平直线 3，如图 4-51 所示。

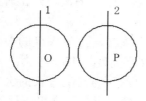

图 4-50　复制图形并右移

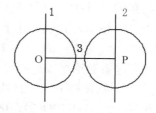

图 4-51　绘制水平直线

（6）偏移直线。单击"修改"工具栏中的"偏移"按钮，将直线 3 分别向上和向下偏移 1.5mm，生成直线 4 和直线 5，如图 4-52 所示。

（7）删除直线。单击"修改"工具栏中的"删除"按钮，删除直线 3，或者选中直线 3，按【Delete】键将其删除。

（8）修剪图形。在命令行输入 TRIM 命令或者选择"修改"菜单中的"修剪"命令，或者单击"修改"工具栏中的"修剪"按钮，以圆弧为剪切边，对直线进行修剪，命令行提示及操作如下：

```
命令：_trim
当前设置：投影=UCS，边=无
选择剪切边......
选择对象或 <全部选择>：        //选择两个圆
选择对象：✓
选择要修剪的对象，或按住 Shift 键选择要延伸的对象，或[栏选(F)/窗交(C)/投影(P)/边(E)/
删除(R)/放弃(U)]：        //选择水平直线在圆内的部分
......
选择要修剪的对象，或按住 Shift 键选择要延伸的对象，或 [栏选(F)/窗交(C)/投影(P)/边(E)/
删除(R)/放弃(U)]：        //继续选择水平直线在圆内的部分
选择要修剪的对象，或按住 Shift 键选择要延伸的对象，或 [栏选(F)/窗交(C)/投影(P)/边(E)/
删除(R)/放弃(U)]：✓
```

修剪结果如图 4-53 所示。

（9）绘制三角形。调用"正多边形"命令，以直线 2 圆上边的下端点为上顶点，绘制一个边长为 6.5mm 的等边三角形，如图 4-54 所示。"正多边形"命令是按指定的边数、中心和一边的两端点绘制正多边形。

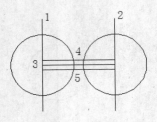

图 4-52　偏移直线　　　　　图 4-53　修剪图形　　　　　图 4-54　绘制三角形

（10）图案填充。选择菜单栏中的"绘图"→"图案填充"命令，弹出"图案填充和渐变色"对话框，单击"图案"下拉列表框右侧的 按钮，弹出"填充图案选项板"对话框，在"其他预定义"选项卡中选择 SOLID 图案，单击"确定"按钮，返回"图案填充和渐变色"对话框，其他选项采用系统默认设置。单击"添加:选择对象"按钮，返回绘图窗口进行选择。依次选择三角形的 3 条边作为填充边界，按【Enter】键再次返回"图案填充和渐变色"对话框，单击"确定"按钮，完成三角形的填充，如图 4-55 所示。

（11）添加文字。单击"绘图"工具栏中的"多行文字"按钮 **A**，在圆 *O* 的中心输入文字"M"，并在文字编辑对话框中选择 **U**，使文字带下画线，文字高度为 12。

单击"绘图"工具栏中的"直线"按钮，在文字下画线下方绘制等长的水平直线，并设置线型为虚线"ACAD_ISO02W100"，如图 4-56 所示，完成带燃油泵电机符号的绘制。

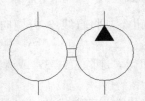

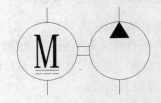

图 4-55　图案填充　　　　　　　　　　图 4-56　添加文字

■【知识点详解】

1. 拉长

在"拉长"命令的命令行提示中，各选项含义如下。

（1）增量(DE)：用指定增加量的方法改变对象的长度或角度。

（2）百分数(P)：用指定占总长度的百分比的方法改变圆弧或直线段的长度。

（3）全部(T)：用指定新的总长度或总角度值的方法来改变对象的长度或角度。

（4）动态(DY)：打开动态拖拉模式。在这种模式下，可以使用拖拉鼠标的方法来动态地改变对象的长度或角度。

2. 修剪

在"修剪"命令的命令行提示中，各选项含义如下。

（1）在选择对象时，如果按住【Shift】键，系统自动将"修剪"命令转换成"延伸"命令，"延伸"命令将在下一个任务中介绍。

（2）选择"边"选项时，可以选择对象的修剪方式，包括延伸和不延伸两种。

① 延伸(E)：延伸边界进行修剪。在此方式下，如果剪切边没有与要修剪的对象相交，系

统会延伸剪切边直至与对象相交，然后再修剪，如图 4-57 所示。

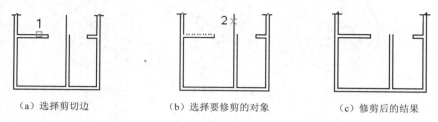

（a）选择剪切边　　　　　（b）选择要修剪的对象　　　　　（c）修剪后的结果

图 4-57　延伸方式修剪对象

② 不延伸(N)：不延伸边界修剪对象，只修剪与剪切边相交的对象。

（3）选择"栏选(F)"选项时，系统以栏选的方式选择被修剪对象，如图 4-58 所示。

（4）选择"窗交(C)"选项时，系统以窗交的方式选择被修剪对象，如图 4-59 所示。

被选择的对象可以互为边界和被修剪对象，此时系统会在选择的对象中自动判断边界。

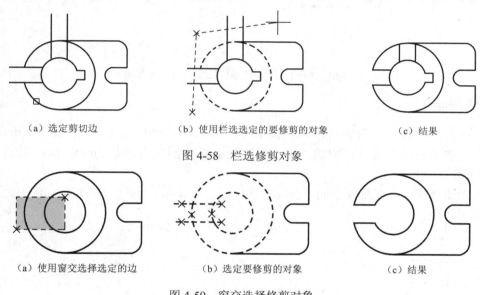

（a）选定剪切边　　　（b）使用栏选选定的要修剪的对象　　　（c）结果

图 4-58　栏选修剪对象

（a）使用窗交选择选定的边　　　（b）选定要修剪的对象　　　（c）结果

图 4-59　窗交选择修剪对象

任务七　绘制力矩式自整角发送机符号（延伸命令）

■【任务背景】

在绘制电气符号时，有时候绘制的图线长度不够，这时候可以利用"延伸"命令把不够长的图线补充上。

延伸对象是指延伸对象直至另一个对象的边界线，如图 4-60 所示。

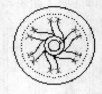

选择边界　　　　　　　选择要延伸的对象　　　　　　执行结果

图 4-60　延伸对象

　　本任务以绘制力矩式自整角发送机为例，学习延伸命令。先使用"圆"和"直线"命令绘制交接点符号的大体结构，再使用"延伸"命令将外部导线延伸到图形边界，最后使用"多行文字"命令进行文字说明，具体绘制流程如图 4-61 所示。

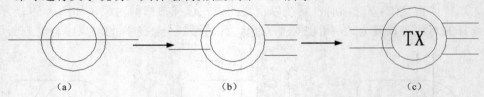

（a）　　　　　　　　　　　（b）　　　　　　　　　　　（c）

图 4-61　绘制力矩式自整角发送机符号流程图

【操作步骤】

　　（1）单击"绘图"工具栏中的"圆"按钮⊘，在（100，100）处绘制半径为 10mm 的外圆。

　　（2）单击"修改"工具栏中的"偏移"按钮⊜，将圆向内偏移 3mm，偏移后的效果如图 4-62 所示。

　　（3）单击"绘图"工具栏中的"直线"按钮✎，从（80，100）到（120，100）绘制一条直线，如图 4-63 所示。

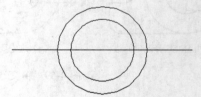

图 4-62　偏移效果　　　　　　　　　　　图 4-63　绘制直线

　　（4）单击"修改"工具栏中的"修剪"按钮⊹，以内圆为修剪参考对象，修剪直线，效果如图 4-64 所示。

　　（5）以外圆为修剪参考对象，修剪直线，效果如图 4-65 所示。

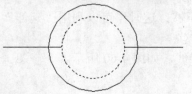

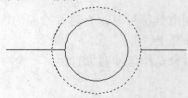

图 4-64　内圆修剪直线　　　　　　　　图 4-65　外圆修剪直线

（6）单击"修改"工具栏中的"复制"按钮 ⊙和"移动"按钮 ✛，分别向上、向下复制移动右引线，移动距离为 5mm，如图 4-66 所示。

（7）单击"修改"工具栏中的"移动"按钮 ✛，向上移动左引线，移动距离为 3mm；使用"复制"和"移动"命令，向下复制移动左引线，移动距离为 6mm，如图 4-67 所示。

图 4-66　右引线复制移动图　　　　　图 4-67　左引线移动复制图

（8）选择"修改"菜单中的"延伸"命令或者单击"修改"工具栏中的"延伸"按钮 ⊸⁄，以内圆为延伸边界，延伸左边两条引线。命令行提示与操作如下：

```
命令：_extend
当前设置：投影=UCS，边=无
选择边界的边...
选择对象或 <全部选择>：                //单击空格键
选择要延伸的对象，或按住 Shift 键选择要修剪的对象，或[栏选(F)/窗交(C)/投影(P)/边(E)/
放弃(U)]：指定对角点：                 //选择左上引线
选择要延伸的对象，或按住 Shift 键选择要修剪的对象，或[栏选(F)/窗交(C)/投影(P)/边(E)/
放弃(U)]：指定对角点：                 //选择左下引线
选择要延伸的对象，或按住 Shift 键选择要修剪的对象，或 [栏选(F)/窗交(C)/投影(P)/边(E)/
放弃(U)]：                           //退出操作
```

效果如图 4-68 所示。

（9）单击"修改"工具栏中的"延伸"按钮 ⊸⁄，以外圆为延伸参考，延伸右边三条引线。效果如图 4-69 所示。

（10）单击"绘图"工具栏中的"多行文字"按钮 A，在内圆中心输入"TX"。力矩式自整角发送机符号如图 4-70 所示。

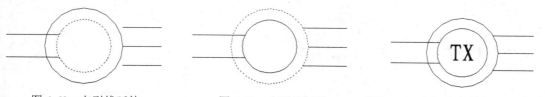

图 4-68　左引线延伸　　　　图 4-69　右引线延伸　　　　图 4-70　力矩式自整角发送机符号

■【知识点详解】

在"延伸"命令的命令行提示中，各选项含义如下。

（1）选择对象。此时可以选择对象来定义边界。若直接按【Enter】键，则选择所有对象作为可能的边界对象。

系统规定可以用作边界对象的对象有：直线段、射线、双向无限长线、圆弧、圆、椭圆、二维和三维多段线、样条曲线、文本、浮动的视口和区域。如果选择二维多段线作边界对象，系统会忽略其宽度而把对象延伸至多段线的中心线。

（2）选择要延伸的对象。如果要延伸的对象是适配样条多段线，则延伸后会在多段线的控制框上增加新节点；如果要延伸的对象是锥形的多段线，系统会修正延伸端的宽度，使多段线从起始端平滑地延伸至新终止端。如果延伸操作导致终止端宽度可能为负值，则取宽度值为0，如图 4-71 所示。

（a）选择边界对象　　　　（b）选择要延伸的多段线　　　　（c）延伸后的结果

图 4-71　延伸对象

（3）选择对象时，如果按住【Shift】键，系统自动将"延伸"命令转换成"修剪"命令。

任务八　绘制耐张铁帽三视图

■【任务背景】

架空线路施工中常用的耐张铁帽三视图是一个典型的机械电气工程图。其绘制必须满足机械制图中"长对正，宽平齐，高相等"的规定。通过绘制此图，可以学习复杂电气工程图的绘制方法，达到举一反三的目的。

本任务先根据三视图中各部件的位置确定图样布局，得到各个视图的轮廓线，然后分别绘制正视图、左视图和俯视图，具体的绘制流程如图 4-72 所示。

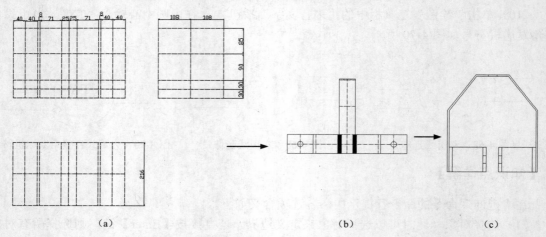

图 4-72　耐张铁帽三视图绘制流程

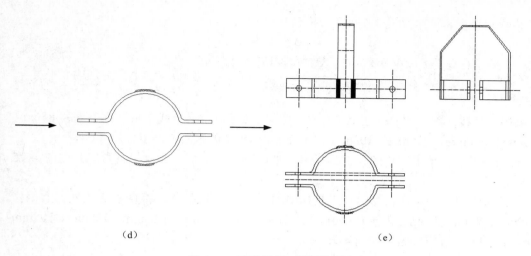

（d）　　　　　　　　　　　　　　　　　（e）

图 4-72　耐张铁帽三视图绘制流程（续）

【操作步骤】

1. 设置绘图环境

（1）建立新文件。打开 AutoCAD 2014 应用程序，单击"标准"工具栏中的"新建"按钮，打开"选择样板"对话框，用户在该对话框中选择已经绘制好的样板文件"A4.dwt"，单击"打开"按钮，选择的样板图就会出现在绘图区域内，设置保存路径，命名为"耐张铁帽三视图.dwg"，并保存。

（2）设置绘图工具栏。在任意工具栏处右击，在弹出的快捷菜单中选择"标准""图层""对象特性""绘图""修改"和"标注"6 个选项，调出对应的工具栏，并移动到绘图窗口中的适当位置处。

（3）设置图层。单击"图层"工具栏中的"图层特性管理器"按钮，设置"轮廓线层""实体符号层"和"虚线层"，将"轮廓线层"设置为当前图层。设置完成的各图层的属性如图 4-73 所示。

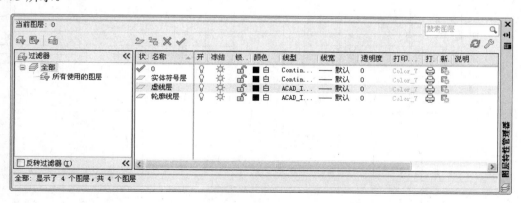

图 4-73　图层设置

2. 图样布局

（1）绘制水平线。单击"绘图"工具栏中的"构造线"按钮，在"正交"绘图方式下，绘制一条横贯整个屏幕的水平线 1，命令行提示与操作如下：

```
命令：_xline
指定点或[水平(H)/垂直(V)/角度(A)/二等分(B)/偏移(O)]： ↙  //输入 H
指定通过点：                                    //在屏幕上合适位置指定一点
指定通过点：                                    //右键或回车
```

（2）偏移水平线。单击"修改"工具栏中的"偏移"按钮 ⎙，将直线 1 依次向下偏移 85mm、90mm、30mm、30mm、150mm、108mm 和 108mm 得到 7 条直线，结果如图 4-74 所示。

（3）绘制竖直线。单击"绘图"工具栏中的"直线"按钮 ⁄，绘制竖直直线，如图 4-75 所示。

（4）偏移竖直直线。单击"修改"工具栏中的"偏移"按钮 ⎙，将直线 2 依次向右偏移 40mm、40mm、8mm、71mm、25mm、25mm、71mm、8mm、40mm、40mm、108mm、108mm 和 108mm 得到 13 条直线，结果如图 4-76 所示。

图 4-74　偏移水平线　　　　图 4-75　绘制竖直直线　　　　图 4-76　偏移竖直直线

（5）修剪直线。单击"修改"工具栏中的"修剪"按钮 ⁄⁄，修剪掉多余的线段，得到如图 4-77 所示的图样布局。

（6）绘制三视图布局。单击"修改"工具栏中的"修剪"按钮 ⁄⁄ 和"删除"按钮 ✐，将如图 4-77 所示的图样布局裁剪成如图 4-78 所示的 3 个区域，每个区域对应一个视图。

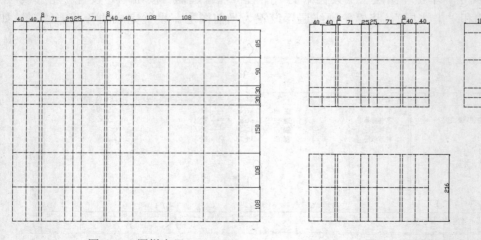

图 4-77　图样布局　　　　　　　　　图 4-78　图样布局

3．绘制主视图

（1）修剪图形。单击"修改"工具栏中的"修剪"按钮 ⁄⁄，修剪如图 4-78 所示区域的左上角，得到主视图的大致轮廓，如图 4-79 所示。

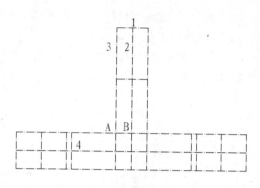

图 4-79 主视图轮廓

（2）单击"修改"工具栏中的"偏移"按钮🔩，将如图 4-79 所示的直线 1 向下偏移 4mm，选中偏移后的直线，将其图层特性设置为"虚线层"，单击"修改"工具栏中的"修剪"按钮─┼，保留图形的左半部分，如图 4-80 所示。

（3）单击"修改"工具栏中的"偏移"按钮🔩，将如图 4-79 所示的直线 2 向左偏移 17.5mm，选中偏移后的直线，将图层特性设置为"虚线层"，单击"修改"工具栏中的"修剪"按钮─┼，得到表示圆孔的隐线。

（4）单击"修改"工具栏中的"偏移"按钮🔩，将如图 4-79 所示的直线 3 向左偏移 4mm，并将其图形特性设置为"实体符号层"，单击"修改"工具栏中的"修剪"按钮─┼，得到表示架板与抱箍板连接斜面的小矩形。

（5）单击"绘图"工具栏中的"图案填充"按钮🔲，打开"图案填充和渐变色"对话框，单击"图案"选项右侧的⬜，打开"填充图案选项板"对话框，在"其他预定义"选项卡中选择"SOLID"图案，单击"确定"按钮，回到"图案填充和渐变色"对话框，将"角度"设置为 0，"比例"设置为 1，其他为默认值。

（6）单击"选择对象"按钮，返回绘图窗口进行选择。依次选择小矩形的 4 个边作为填充边界，按【Enter】键返回"图案填充和渐变色"对话框，单击"确定"按钮，完成图案的填充，如图 4-81 所示。

（7）将"虚线层"设置为当前层，绘制出点 A 与点 B 之间的虚线。

（8）将当前图层由"轮廓线层"切换为"实体符号层"，单击"绘图"工具栏中的"圆"按钮⊙，以如图 4-82 所示交点为圆心，绘制直径为 17.5mm 的表示螺孔的小圆形。

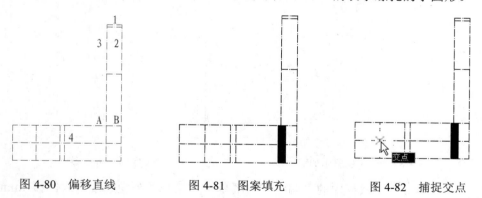

图 4-80 偏移直线　　　　图 4-81 图案填充　　　　图 4-82 捕捉交点

（9）单击"绘图"工具栏中的"多段线"按钮 ⌐⌐，画出主视图外轮廓线的左半部分，如图4-83所示，关闭"轮廓线层"后的效果如图4-84所示。

（10）打开"轮廓线层"，单击"修改"工具栏中的"镜像"按钮 ⚐，以中心线为对称轴，镜像复制左边图形，效果如图4-85所示。

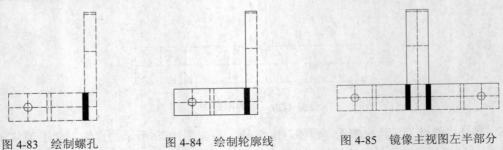

图4-83　绘制螺孔　　　　　图4-84　绘制轮廓线　　　　　图4-85　镜像主视图左半部分

（11）单击"修改"工具栏中的"偏移"按钮 ⌐⌐，将中心线分别向左、向右平移12.5mm，单击"修改"工具栏中的"修剪"按钮 ⊹，修剪掉多余的图形，得到如图4-86所示的图形。

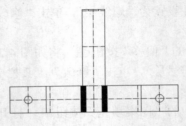

图4-86　耐张铁帽主视图

4．绘制左视图

（1）单击"修改"工具栏中的"偏移"按钮 ⌐⌐，补充绘制左视图区域的定位线，如图4-87所示。

（2）将"实体符号层"设置为当前层，单击"绘图"工具栏中的"多段线"按钮 ⌐⌐，通过捕捉端点和交点绘制出架板的外轮廓线，如图4-88所示。

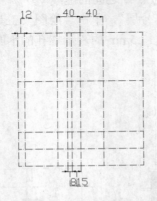
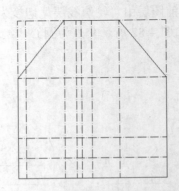

图4-87　在左视图添加定位线　　　　　图4-88　架板外轮廓线

（3）单击"修改"工具栏中的"偏移"按钮 ⌐⌐，将架板的外轮廓线向内偏移4mm，得到架板的内轮廓线，如图 4-89 所示。

（4）单击"修改"工具栏中的"修剪"按钮 ，修剪左视图区域的左下方轴线，得到抱箍板的大致轮廓，如图 4-90 所示。

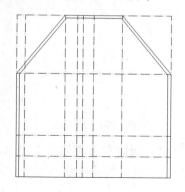

图 4-89 绘制内轮廓线

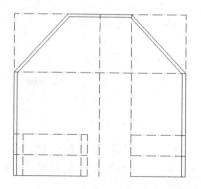

图 4-90 修剪图形

（5）单击"绘图"工具栏中的"多段线"按钮 ，绘制出抱箍板的轮廓，如图 4-91 所示。

（6）将"虚线层"设置为当前层。

（7）选择菜单栏中的"工具"→"绘图设置"命令，打开"草图设置"对话框，设置象限点、交点、垂足、中点和端点为可捕捉模式，如图 4-92 所示。

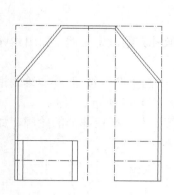

图 4-91 抱箍板轮廓

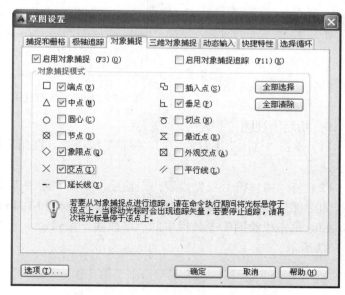

图 4-92 "草图设置"对话框

（8）单击"绘图"工具栏中的"直线"按钮 ，在"对象追踪"模式，通过追踪主视图中螺孔的象限点，确定直线的第一个端点，如图 4-93 所示，捕捉垂足确定直线的第二个端点，绘制好的直线如图 4-94 所示。

（9）单击"修改"工具栏中的"镜像"按钮 ，将如图 4-94 所示的抱箍板的左半部镜像复制，得到抱箍板的右半部分。

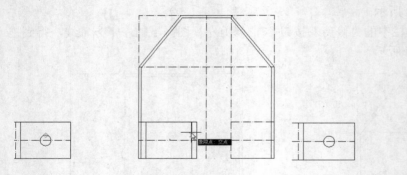

图 4-93　捕捉象限点

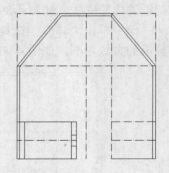

图 4-94　绘制直线

（10）单击"修改"工具栏中的"偏移"按钮 ，将中心线向左右各偏移 12.5mm，单击"修改"工具栏中的"修剪"按钮 ，修剪掉多余直线，至此，左视图基本绘制完成，关闭"轮廓线层"效果如图 4-95 所示。

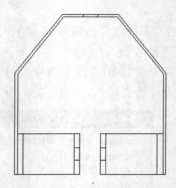

图 4-95　耐张铁帽左视图

5．绘制俯视图

（1）单击"修改"工具栏中的"偏移"按钮 ，在俯视图区域补充绘制定位线，如图 4-96 所示。

（2）将"实体符号层"设置为当前层，单击"绘图"工具栏中的"圆"按钮 ，绘制抱箍板图形部分的轮廓，两个圆的半径分别为 96mm 和 104mm，如图 4-97 所示。

（3）单击"绘图"工具栏中的"多段线"按钮 ，绘制抱箍板左上平板部分的轮廓，如图 4-97 所示。

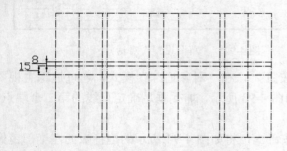

图 4-96　俯视图区域添加定位线

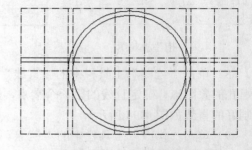

图 4-97　绘制定位抱箍板轮廓的图形

（4）关闭"轮廓线层"，将"虚线层"设置为当前层。单击"绘图"工具栏中的"直线"按钮 ，绘制表示抱箍板上的螺孔，如图 4-98 所示。

（5）在命令行输入 FILLET 命令或者选择"修改"菜单中的"圆角"命令，或者单击"修改"工具栏中的"圆角"按钮 ◻，设置圆角半径为 10mm，然后分别对抱箍板平板向圆板过渡处的内侧及外侧进行圆角，命令行提示与操作如下：

```
命令：FILLET↙
当前设置：模式 = 修剪，半径 = 0.0000
选择第一个对象或 [放弃(U)/多段线(P)/半径(R)/修剪(T)/多个(M)]：r↙
指定圆角半径 <0.0000>：10↙
选择第一个对象或 [放弃(U)/多段线(P)/半径(R)/修剪(T)/多个(M)]：   //选择抱箍板平板上面
水平边
选择第二个对象，或按住 Shift 键选择对象以应用角点或 [半径(R)]：   //选择外圆
```

用同样的方法，对抱箍板平板下水平边和内圆进行圆角处理，如图 4-98 所示。

⚠ 注意

读者在进行圆角处理时，会发现有时无法按预期实现，主要原因是没有设置圆角半径，系统默认的圆角半径是 0。

（6）单击"修改"工具栏中的"镜像"按钮 ⚊，镜像复制出抱箍板的右上平板部分。

（7）单击"修改"工具栏中的"修剪"按钮 -/--，修剪掉两个圆形的多余部分，如图 4-99 所示。

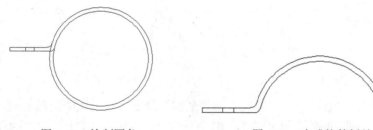

图 4-98　绘制圆角　　　　　　图 4-99　完成抱箍板绘制

（8）打开"轮廓线层"，然后把"实体符号层"设置为当前层。

（9）单击"绘图"工具栏中的"圆"按钮 ◉，绘制架板轮廓的定位圆，如图 4-100 所示。

（10）单击"标准"工具栏中的"窗口缩放"按钮 ◻，局部放大如图 4-100 所示架板轮廓定位圆的顶部。

（11）单击"修改"工具栏中的"修剪"按钮 -/--，以定位线 1 和定位线 2 为修剪边，修剪掉外圆的多余部分，如图 4-101 所示。

（12）单击"修改"工具栏中的"偏移"按钮 ◱，将定位线 1 和定位线 2 分别向外偏移复制 4mm，如图 4-101 所示。

（13）单击"绘图"工具栏中的"直线"按钮 ✎，绘制架板与抱箍板连接斜面的两条短线。

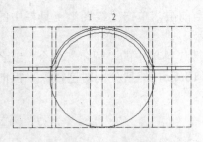

图 4-100　绘制架板轮廓的定位圆

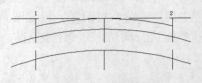

图 4-101　绘制架板投影

（14）单击"绘图"工具栏中的"图案填充"按钮 ，打开"图案填充和渐变色"对话框，单击"图案"选项右侧的 ，打开"填充图案选项板"对话框，在"其他预定义"选项卡中选择"ANSI31"图案，单击"确定"按钮，返回"图案填充和渐变色"对话框，将"角度"设置为0，"比例"设置为1，其他为默认值。

（15）单击"选择对象"按钮，暂时返回绘图窗口中进行选择，选择架板内一点，按【Enter】键再次回到"图案填充和渐变色"对话框，单击"确定"按钮，完成图案的填充，如图4-102所示。

（16）单击"修改"工具栏中的"镜像"按钮 ，打开"轮廓线层"，镜像复制出俯视图的另一部分，再次关闭"轮廓线层"后效果如图4-103所示。

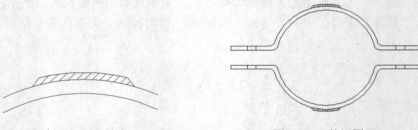

图 4-102　图案填充　　　　　　　　　　　图 4-103　俯视图

（17）选择菜单栏中的"视图"→"缩放"→"全部"命令，则三视图全部显示在模型空间中，打开"轮廓线层"，删除不必要的定位线，把余下的定位线修改为轴线，如图4-104所示。

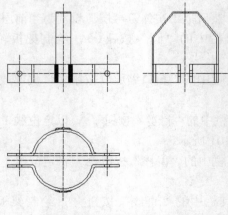

图 4-104　初步完成三视图

【知识点详解】

在"圆角"命令的命令行提示中，各选项含义如下。

（1）多段线(P)：在一条二维多段线的两段直线段的节点处插入圆滑的弧。选择多段线后系统会根据指定的圆弧的半径把多段线各顶点用圆滑的弧连接起来。

（2）修剪(T)：决定在圆滑连接两条边时，是否修剪这两条边，如图 4-105 所示。

（3）多个(M)：同时对多个对象进行圆角编辑，而不必重新起用命令。

（4）按住【Shift】键并选择两条直线，可以快速创建零距离倒角或零半径圆角。

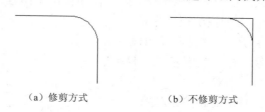

（a）修剪方式　　　　　　（b）不修剪方式

图 4-105　圆角连接

模拟试题与上机实验 4

1．选择题

（1）使用复制命令时，正确的是（　　　）。

    A．复制一个便退出命令　　　　　　B．最多可复制三个

    C．复制时，选择放弃则退出命令　　D．可复制多个，直到选择退出结束复制

（2）已有一个画好的圆，则绘制一组同心圆可以用（　　　）命令来实现。

    A．LENGTHEN 拉长　　　　　　　B．OFFSET 偏移

    C．EXTEND 延伸　　　　　　　　　D．MOVE 移动

（3）下面图形不能偏移的是（　　　）。

    A．构造线　　　　　B．多线　　　　　C．多段线　　　　　D．样条曲线

（4）如果对如图 4-106 所示的正方形沿两个点打断，打断之后的长度为（　　　）。

    A．150　　　　　　B．100　　　　　C．150 或 50　　　　D．随机

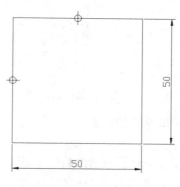

图 4-106　矩形

（5）关于分解命令（EXPLODE）的描述正确的是（　　）。

    A．对象分解后颜色、线型和线宽不会改变

    B．图案分解后图案与边界的关联性仍然存在

    C．多行文字分解后将变为单行文字

    D．构造线分解后可得到两条射线

（6）对两条平行的直线倒圆角（FILLET）命令，设置圆角半径为20mm，结果是（　　）。

    A．不能倒圆角　　　　　　　　　　　　B．按半径20mm倒圆角

    C．系统提示错误　　　　　　　　　　　D．倒出半圆，其直径等于直线间的距离

（7）使用偏移命令时，下列说法正确的是（　　）。

    A．偏移值可以小于0，这是向反向偏移

    B．可以框选对象进行一次偏移多个对象

    C．一次只能偏移一个对象

    D．偏移命令执行时不能删除原对象

（8）使用COPY命令复制一个圆，指定基点为（0,0），在提示指定第二个点时回车以第一个点作为位移，则下面说法正确的是（　　）。

    A．没有复制图形　　　　　　　　　　　B．复制的图形圆心与（0,0）重合

    C．复制的图形与原图形重合　　　　　　D．操作无效

（9）对于一个多段线对象中的所有角点进行圆角，可以使用圆角命令中的（　　）命令选项。

    A．多段线（P）　　　　B．修剪（T）　　　　C．多个（U）　　　　D．半径（R）

2．上机实验题

实验1　绘制如图4-107所示的带滑动触点的电位器符号。

◆ 目的要求

本实验绘制的图形相对简单，最重要的是准确绘制各个图线。本实验主要使用"矩形""直线""镜像""图案填充"等命令，通过本练习，读者将熟悉各命令的操作。

◆ 操作提示

（1）使用"矩形"命令绘制轮廓符号。

（2）使用"直线"和"镜像"命令绘制导线。

（3）使用"直线"命令绘制箭头，使用"图案填充"命令填充箭头。

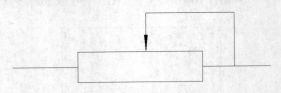

图4-107　带滑动触点的电位器

实验2　绘制如图4-108所示的整流桥电路。

◆ 目的要求

本实验绘制的图形相对简单，最重要的是使4个二极管的中心恰好在四边形的4个边的中点上。本实验主要使用"移动""旋转"和"阵列"命令，通过本练习，读者将熟悉各命令

的操作。

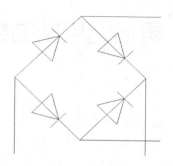

图 4-108　整流桥电路

◆　操作提示

（1）使用"直线"命令，绘制一条45°角的斜线。

（2）使用"多边形"命令，绘制一个三角形，捕捉三角形中心为斜直线中点，并指定三角形一个顶点在斜线上。

（3）使用"直线"命令，打开状态栏上的"对象追踪"按钮，捕捉三角形在斜线上的顶点为端点，绘制两条与斜线垂直的短直线，完成二极管符号的绘制。

（4）使用"镜像"命令，进行多次镜像操作。

（5）使用"直线"命令，绘制4条导线。

实验3　绘制如图4-109所示的加热器符号。

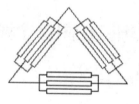

图 4-109　加热器符号

◆　目的要求

本实验绘制的图形步骤烦琐，但涉及的命令较少，需要细心捕捉放置点。本实验主要使用"移动""旋转""阵列"等命令，通过本练习，读者将熟悉各命令的操作。

◆　操作提示

（1）使用"多边形"命令，绘制一个正三角形。

（2）使用"矩形""复制"以及"修剪"命令，绘制一个加热单元。

（3）使用"旋转"命令，将加热单元分别旋转60°和-60°。

项目五　灵活运用辅助绘图工具

■【学习情境】

　　在电气设计绘图过程中经常会遇到一些重复出现的图形，如果每次都重新绘制这些图形，不仅造成大量的重复工作，而且存储这些图形及其信息占据相当大的磁盘空间。图块、设计中心和工具选项板，提供了模块化作图的方法，这样不仅可以避免大量的重复工作，提高绘图速度和工作效率，而且可以大大节省磁盘空间。本项目将学习这些知识。

■【能力目标】

> ➤ 掌握尺寸标注的基本方法。
> ➤ 熟悉图块相关操作。
> ➤ 灵活应用设计中心。
> ➤ 了解工具选项板。

■【课时安排】

　　6课时（讲课3课时，练习3课时）

任务一　耐张铁帽三视图尺寸标注（尺寸标注）

■【任务背景】

　　尺寸标注是电气绘图过程中相当重要的一个环节。由于图形的主要作用是表达物体的形状，而物体各部分的真实大小和各部分之间的确切位置只能通过尺寸标注来表达。因此，若没有正确的尺寸标注，绘制出的图纸对于加工制造和设计安装就没有意义了。

　　本任务对耐张铁帽图进行尺寸标注。在本任务中，将用到尺寸样式设置、线性尺寸标注、连续尺寸标注、半径尺寸标注、直径尺寸标注以及文字标注等知识，具体的尺寸标注流程图如图5-1所示。

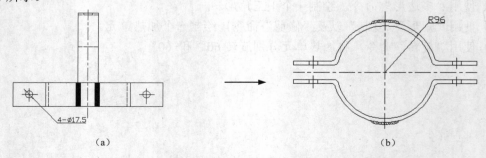

图5-1　耐张铁帽尺寸标注流程图

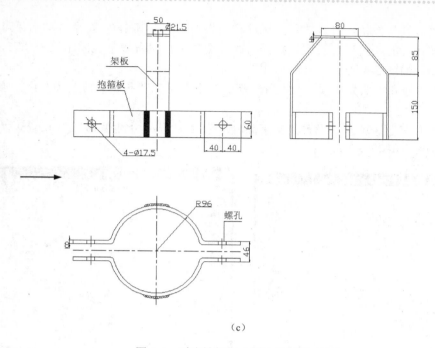

（c）

图 5-1　耐张铁帽尺寸标注流程图（续）

【操作步骤】

1. 打开文件

单击菜单栏中的"文件"→"打开"命令，打开项目四中绘制的耐张铁帽三视图文件。

2. 标注样式设置

（1）在命令行输入 DIMSTYLE 命令或者单击菜单栏中的"格式"→"标注样式"命令，或者单击"标注"工具栏中的"标注样式"按钮，打开"标注样式管理器"对话框，如图 5-2 所示，单击"新建"按钮，打开"创建新标注样式"对话框，如图 5-3 所示。在"用于"下拉列表中选择"直径标注"选项。

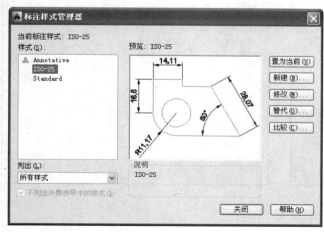

图 5-2　"标注样式管理器"对话框

图 5-3　"创建新标注样式"对话框

（2）单击"继续"按钮，打开"新建标注样式"对话框。其中有 7 个选项卡，可对新建的"直径标注样式"的风格进行设置。打开"线"选项卡，设置"基线间距"为 3.75，"超出尺寸线"为 1.25，如图 5-4 所示。

（3）打开"符号和箭头"选项卡，设置"箭头大小"为 2，"折弯角度"为 90°，如图 5-5 所示。

（4）打开"文字"选项卡，设置"文字高度"为 2，"从尺寸线偏移"为 0.625，"文字对齐"采用"水平"，如图 5-6 所示。

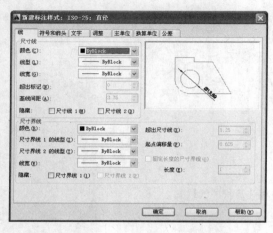

图 5-4 "线"选项卡设置

图 5-5 "符号和箭头"选项卡设置

（5）打开"主单位"选项卡，设置"舍入"为 0，"小数分隔符"为句点，如图 5-7 所示。

（6）此处不设置"调整"和"换算单位"选项卡，后面用到的时候再进行设置。设置完毕后，返回"标注样式管理器"对话框，单击"置为当前"按钮，将新建的标注样式设置为当前使用的标注样式。

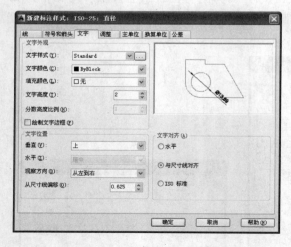

图 5-6 "文字"选项卡设置

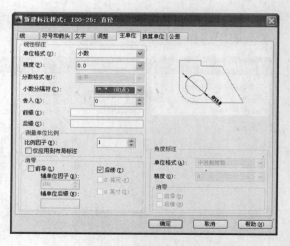

图 5-7 "主单位"选项卡设置

3．标注直径尺寸

（1）在命令行输入 DIMDIAMETER 命令或者单击"标注"菜单栏中的"直径标注"命令，或者单击"标注"工具栏中的"直径"标注按钮 ⊘，标注如图 5-8 所示的直径。命令行提示和操作如下：

```
命令：_dimdiameter
选择圆弧或圆：                           //选择小圆
标注文字 = 17.5
指定尺寸线位置或 [多行文字(M)/文字(T)/角度(A)]：//适当指定一个位置
```

（2）双击要修改的直径标注文字，弹出文字格式编辑器，在已有的文字前面输入"4-"，如图 5-9 所示，标注效果如图 5-10 所示。

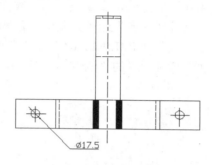

图 5-8　标注直径

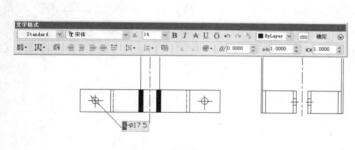

图 5-9　文字格式编辑器

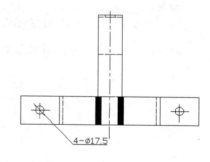

图 5-10　修改标注

4．半径标注

（1）重新设置标注样式。用相同的方法，重新设置用于标注半径的标注样式，具体参数设置和直径标注相同。

（2）标注半径尺寸。在命令行输入 DIMRADIUS 命令或者单击"标注"菜单栏中的"半径标注"命令，或者单击"标注"工具栏中的"半径"按钮 ⊙，标注如图 5-11 所示的半径。命令行提示与操作如下：

```
命令：_dimradius
选择圆弧或圆：                           //选择俯视图圆弧
标注文字 = 96
指定尺寸线位置或 [多行文字(M)/文字(T)/角度(A)]：//适当指定一个位置
```

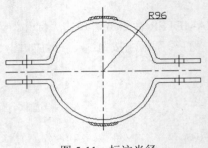

图 5-11　标注半径

5．线性标注

（1）重新设置标注样式。用相同的方法，重新设置用于线性标注的标注样式，"文字"选项卡中的"文字对齐"选择"与尺寸线对齐"选项，其他参数和直径标注相同。

（2）标注线性尺寸。在命令行输入 DIMLINEAR 命令或者单击"标注"菜单栏中的"线性标注"命令，或者单击"标注"工具栏中的"线性"按钮┥，标注如图 5-12 所示的线性尺寸。命令行提示与操作如下：

```
命令：_dimlinear
指定第一个尺寸界线原点或 <选择对象>：                    //捕捉适当位置点
指定第二条尺寸界线原点：                                //捕捉适当位置点
创建了无关联的标注
指定尺寸线位置或[多行文字(M)/文字(T)/角度(A)/水平(H)/垂直(V)/旋转(R)]：t↙
输入标注文字 <21.5>：%%C21.5↙
指定尺寸线位置或[多行文字(M)/文字(T)/角度(A)/水平(H)/垂直(V)/旋转(R)]：//指定适当位置
```

用相同的方法，标注其他线性尺寸。

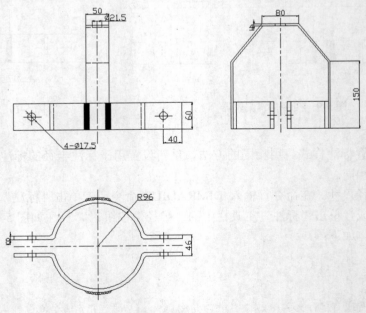

图 5-12　标注线性尺寸

6．连续标注

（1）重新设置标注样式。用相同的方法，重新设置用于连续标注的标注样式，参数设置和线性标注相同。

（2）标注连续尺寸。在命令行输入 **DIMCONTINUE** 命令或者单击"标注"菜单栏中的"连续标注"命令，或者单击"标注"工具栏中的"连续"按钮，标注连续尺寸。命令行提示与操作如下：

```
命令：_dimcontinue
选择连续标注：                                    //选择尺寸为 150 的标注
指定第二条尺寸界线原点或 [放弃(U)/选择(S)] <选择>：  //捕捉合适的位置点
标注文字 = 85
指定第二条尺寸界线原点或 [放弃(U)/选择(S)] <选择>：↙
```

用相同的方法，绘制另一个连续标注尺寸 40，结果如图 5-13 所示。

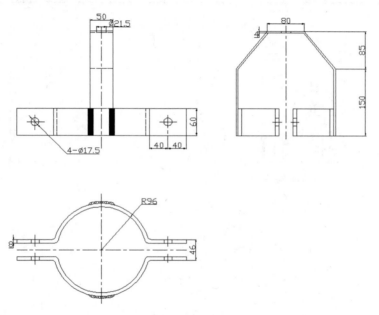

图 5-13　标注连续尺寸

7．添加文字

（1）创建文字样式。单击菜单栏中的"格式"→"文字样式"命令，打开"文字样式"对话框，创建一个名为"防雷平面图"的文字样式。"字体名"为"仿宋_GB2312"，"字体样式"为"常规"，"高度"为 15，宽度因子为 1，如图 5-14 所示。

（2）添加注释文字。单击"绘图"工具栏中的"多行文字"按钮 **A**，一次输入多行文字，然后调整其位置，以对齐文字。调整位置的时候，结合使用"正交"命令。

（3）使用文字编辑命令修改文字得到需要的文字。添加完注释文字后，使用"直线"命令绘制对应的指引线，即完成了整张图样的绘制，如图 5-15 所示。

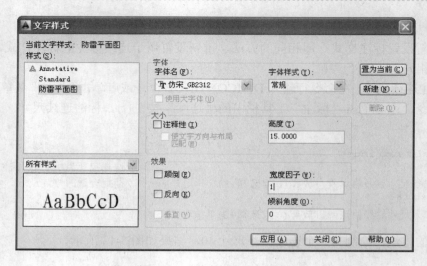

图 5-14 "文字样式"对话框

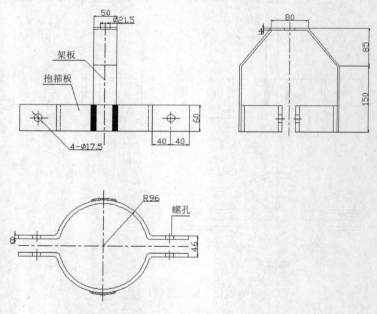

图 5-15 耐张铁帽三视图尺寸标注

■【知识点详解】

1. 设置尺寸样式

在"标注样式管理器"对话框中，各选项含义如下。

（1）"置为当前"按钮：单击此按钮，把在"样式"列表框中选中的样式设置为当前样式。

（2）"新建"按钮：定义一个新的尺寸标注样式。单击此按钮，打开"创建新标注样式"对话框，利用此对话框可创建一个新的尺寸标注样式，单击"继续"按钮，打开"新建标注样式"对话框，利用此对话框可对新样式的各项特性进行设置。该对话框中各部分的含义和功能将在后面介绍。

（3）"修改"按钮：修改已存在的尺寸标注样式。单击此按钮，打开"修改标注样式"对话框，该对话框中的各选项与"新建标注样式"对话框中完全相同，可以对已有标注样式进行修改。

（4）"替代"按钮：设置临时覆盖尺寸标注样式。单击此按钮，打开"替代当前样式"对话框，该对话框中各选项与"新建标注样式"对话框完全相同，用户可改变选项的设置覆盖原来的设置，但这种修改只对指定的尺寸标注起作用，而不影响当前尺寸变量的设置。

（5）"比较"按钮：比较两个尺寸标注样式在参数上的区别或浏览一个尺寸标注样式的参数设置。

2．新建标注样式

在"新建标注样式"对话框中有 7 个选项卡，分别说明如下。

（1）线：该选项卡对尺寸的尺寸线和尺寸界线的各个参数进行设置。

（2）符号和箭头：该选项卡对箭头、圆心标记、弧长符号和半径折弯标注的各个参数进行设置。

（3）文字：该选项卡对文字的外观、位置、对齐方式等各个参数进行设置。对齐方式有水平、与尺寸线对齐、ISO 标准 3 种方式。如图 5-16 所示为尺寸文本在垂直方向放置的 4 种不同情形，如图 5-17 所示为尺寸文本在水平方向放置的 5 种不同情形。

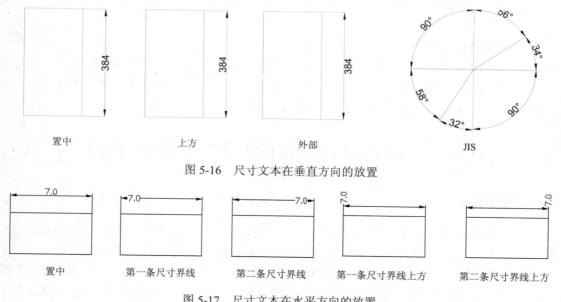

图 5-16　尺寸文本在垂直方向的放置

图 5-17　尺寸文本在水平方向的放置

（4）调整：该选项卡对调整选项、文字位置、标注特征比例等各个参数进行设置，如图 5-18 所示。

（5）主单位：该选项卡用来设置尺寸标注的主单位和精度，以及给尺寸文本添加固定的前缀或后缀。

（6）换算单位：该选项卡用于对换算单位进行设置。

（7）公差：该选项卡用于对尺寸公差进行设置。

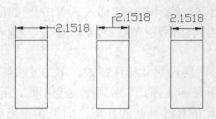

图 5-18　尺寸文本的位置调整

3．线性标注

在"线性标注"命令的命令行提示中，各选项含义如下。

（1）指定尺寸线位置：确定尺寸线的位置。用户可移动鼠标选择合适的尺寸线位置，然后按【Enter】键或单击，系统则自动测量所标注线段的长度并标注出相应的尺寸。

（2）多行文字(M)：用多行文本编辑器确定尺寸文本。

（3）文字(T)：在命令行提示下输入或编辑尺寸文本。选择此选项后，命令行提示：

输入标注文字 <默认值>：

其中的默认值是系统自动测量得到的被标注线段的长度，按【Enter】键即可采用此长度值，也可输入其他数值代替默认值。当尺寸文本中包含默认值时，可使用尖括号"＜＞"表示默认值。

（4）角度(A)：确定尺寸文本的倾斜角度。

（5）水平(H)：水平标注尺寸，不论标注什么方向的线段，尺寸线均水平放置。

（6）垂直(V)：垂直标注尺寸，不论被标注线段沿什么方向，尺寸线均保持垂直。

（7）旋转(R)：输入尺寸线旋转的角度值，旋转标注尺寸。

任务二　绘制 MC1413 芯片符号（图块功能）

【任务背景】

在电气制图过程中，如果遇到需要重复绘制的单元，尤其是在不同的图形中都要重复用到的单元，为了提高绘图效率，避免重复绘制，AutoCAD 提供了图块功能。

图块也叫做块，它是由一组图形对象组成的集合，一组对象一旦被定义为图块，它们将成为一个整体，拾取图块中任意一个图形对象即可选中构成图块的所有对象。AutoCAD 把一个图块作为一个对象进行编辑修改等操作，用户可根据绘图需要把图块插入到图中任意指定的位置，而且在插入时还可以指定不同的缩放比例和旋转角度。如果需要对组成图块的单个图形对象进行修改，还可以利用"分解"命令把图块切开分解成若干个对象。图块还可以重新定义，图块一旦被重新定义，整个图中基于该块的对象都将随之改变。

本任务以绘制 MC1413 芯片符号为例，先把非门符号制作成图块，然后在后面的绘图过程中插入该图块，这样可以大大提高绘图效率，具体的绘制流程图如图 5-19 所示。

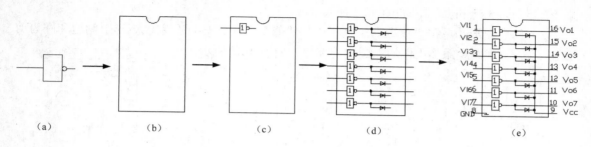

图 5-19　绘制 MC1413 芯片符号流程图

■ 【操作步骤】

1. 制作"非门符号"图块

（1）使用前面学习的命令绘制如图 5-20 所示的非门符号图形。

（2）在命令行输入 BLOCK 命令，或者选择"插入"菜单中的"块"→"创建"命令，或者单击"绘图"工具栏中的"创建块"按钮 ，打开"块定义"对话框。在"名称"文本框中输入"非门符号"。单击"拾取点"按钮切换到绘图区域，选择最右端直线

图 5-20　非门符号

的右端点为插入基点，返回"块定义"对话框。单击"选择对象"按钮 切换到绘图区域，选择如图 5-20 所示的对象后，回车返回"块定义"对话框，如图 5-21 所示。确认关闭对话框。

（3）在命令行输入 WBLOCK 命令，系统打开"写块"对话框，如图 5-22 所示在"源"选项组中选择"块"单选按钮，在后面的下拉列表框中选择"非门符号"块，并进行其他相关设置后确认退出。

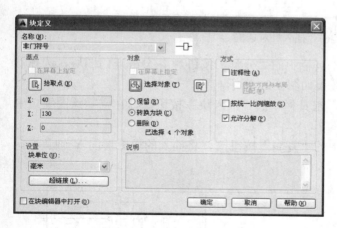

图 5-21　"块定义"对话框

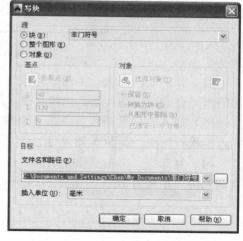

图 5-22　"写块"对话框

2. 绘制芯片外轮廓

（1）绘制矩形。单击"绘图"工具栏中的"矩形"按钮 □，绘制一个 35mm×55mm 的矩形，如图 5-23 所示。

（2）绘制圆。单击"绘图"工具栏中的"圆"按钮 ⊙，以矩形上侧边的中点为圆心，绘

制一个半径为 3.5mm 的圆，如图 5-24 所示。

（3）修剪图形。单击"修改"工具栏中的"修剪"按钮，分别以矩形上侧边和圆为剪刀线，裁去上半圆和矩形上侧边在圆内的部分，如图 5-25 所示。

图 5-23　绘制矩形　　　　图 5-24　绘制圆　　　　图 5-25　修剪图形

3. 插入块

（1）插入非门图块。在命令行输入 INSERT 命令或者选择选择"插入"菜单中的"插入"命令，或者单击"绘图"或"插入"工具栏中的"插入块"按钮，打开"插入"对话框，单击"浏览"按钮，找到非门图块的路径，参数设置如图 5-26 所示。单击"确定"按钮，在当前绘图窗口中插入非门图块。

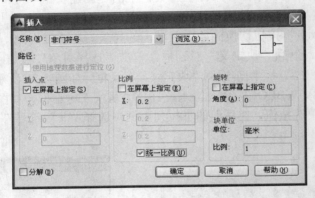

图 5-26　"插入"对话框

（2）分解非门图块。单击"修改"工具栏中的"分解"按钮，分解非门图块，选择右侧的水平直线，拖动其端点拉伸直线，效果如图 5-27 所示。

（3）插入二极管图块。单击"绘图"工具栏中的"插入块"按钮，在当前绘图窗口中插入二极管图块，如图 5-28 所示。

（4）复制块。单击"修改"工具栏中的"复制"按钮，将插入的块图形向 Y 轴负方向复制 6 份，距离为 7mm，如图 5-29 所示。

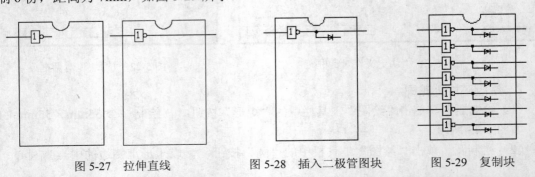

图 5-27　拉伸直线　　　　图 5-28　插入二极管图块　　　　图 5-29　复制块

4．编辑图形

（1）绘制直线。单击"绘图"工具栏中的"直线"按钮✐，连接所有二极管的出头线，如图 5-30 所示。

（2）绘制数字地引脚。单击"绘图"工具栏中的"直线"按钮✐，绘制芯片的数字地引脚，如图 5-31 所示。

（3）添加注释文字。单击"绘图"工具栏中的"多行文字"按钮 A，为各引脚添加数字标号和文字注释，完成芯片 MC1413 符号的绘制，如图 5-32 所示。

（4）生成块。使用 WBLOCK 命令，将绘制的 MC1413 芯片符号生成块并保存，以方便后面绘制数字电路系统时调用。

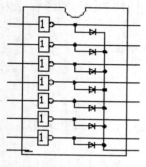
图 5-30　连接出头线

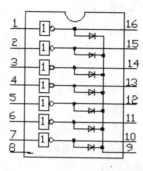
图 5-31　绘制数字地引脚

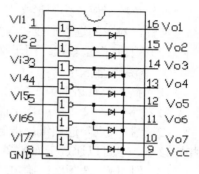
图 5-32　添加注释

【知识点详解】

1．定义图块

在"块定义"对话框中，各选项含义如下。

（1）"基点"选项组：确定图块的基点，默认值是（0,0,0）。也可以在下面的 X（Y、Z）文本框中输入块的基点坐标值。单击"拾取点"按钮，临时切换到绘图区域，用鼠标在图形中拾取一点后，返回"块定义"对话框，把所拾取的点作为图块的基点。

（2）"对象"选项组：该选项组用于选择制作图块的对象以及设置对象的相关属性。

如图 5-33 所示，把图（a）中的正五边形定义为图块，图（b）为选中"删除"单选按钮的结果，图（c）为选中"保留"单选按钮的结果。

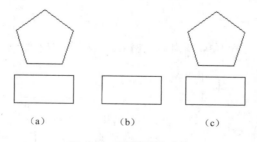

（a）　　　　　　（b）　　　　　　（c）

图 5-33　删除图形对象

（3）"设置"选项组：选择从 AutoCAD 设计中心拖动图块时用于测量图块的单位，以及缩放、分解和超链接等设置。

（4）"在块编辑器中打开"复选框：勾选此复选框，系统打开块编辑器，可以定义动态块，后面详细讲述。

（5）"方式"选项组：该选项组用于指定块的行为，包括指定创建块是否为注释性，指定在图纸空间视口中的块参照的方向与布局的方向匹配，指定图块缩放时是否按统一比例，指定块参照是否可以被分解。

2．图块存盘

在"写块"对话框中，各选项含义如下。

（1）"源"选项组：确定要保存为图形文件的图块或图形对象。选中"块"单选按钮，在右侧的下拉列表框中选择一个图块，将其保存为图形文件。选中"整个图形"单选按钮，则把当前的整个图形保存为图形文件。选中"对象"单选按钮，则把不属于图块的图形对象保存为图形文件。对象的选取通过"对象"选项组来完成。

（2）"目标"选项组：用于指定图形文件的名字、保存路径和插入单位等。

3．图块的插入

在"插入"对话框中，各选项含义如下。

（1）"路径"文本框：指定图块的保存路径。

（2）"插入点"选项组：指定插入点，插入图块时该点与图块的基点重合。可以在屏幕上指定该点，也可以通过下面的文本框输入该点的坐标值。

（3）"比例"选项组：确定插入图块时的缩放比例。图块被插入当前图形中时，可以以任意比例放大或缩小，如图 5-34（a）所示是被插入的图块，如图 5-34（b）所示为取比例系数为 1.5 插入该图块的结果，如图 5-34（c）所示是取比例系数为 0.5 插入图块的结果。X 轴方向和 Y 轴方向的比例系数也可以取不同值，如图 5-34（d）所示，X 轴方向的比例系数为 1，Y 轴方向的比例系数为 1.5。另外，比例系数还可以是一个负数，当为负数时表示插入图块的镜像，其效果如图 5-35 所示。

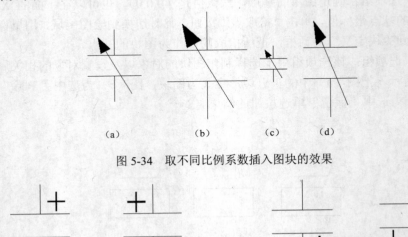

（a）　　　　　（b）　　　　　（c）　　　　　（d）

图 5-34　取不同比例系数插入图块的效果

X =1，Y =1　　　　X =−1，Y =1　　　　X =1，Y =−1　　　　X =−1，Y =−1

图 5-35　取比例系数为负值时插入图块的效果

（4）"旋转"选项组：指定插入图块时的旋转角度。图块被插入到当前图形中时，可以绕其基点旋转一定的角度，角度可以是正数（表示沿逆时针方向旋转），也可以是负数（表示沿顺时针方向旋转）。如图 5-36 所示，（b）图块是（a）图块旋转 30°插入的效果，（c）图块是（a）图块旋转-30°插入的效果。

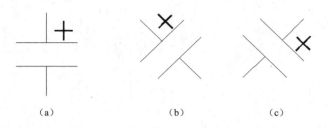

(a)　　　　　　　　(b)　　　　　　　　(c)

图 5-36　以不同旋转角度插入图块的效果

如果选中"在屏幕上指定"复选框，系统切换到绘图区域，在屏幕上拾取一点，系统自动测量插入点与该点连线和 X 轴正方向之间的夹角，并把它作为块的旋转角。也可以在"角度"文本框中直接输入插入图块时的旋转角度。

（5）"分解"复选框：选中此复选框，则在插入块的同时把其切开，插入到图形中的组成块的对象不再是一个整体，可对每个对象单独进行编辑操作。

任务三　绘制变电原理图（设计中心和工具选项板）

■【任务背景】

在电气制图的过程中，为了进一步提高绘图效率，需要对绘图过程进行智能化管理和控制，AutoCAD 提供了设计中心和工具选项板两种辅助绘图工具。

绘制变电所的电气原理图有两种方法：一是绘制简单的系统图，表明变电所工作的大致原理；另一种是绘制详细阐述电气原理的接线图。本例先绘制各元件，再绘制电器主接线。具体绘制流程如图 5-37 所示。

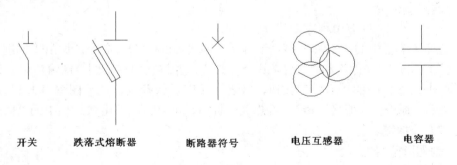

开关　　　　跌落式熔断器　　　　断路器符号　　　　电压互感器　　　　电容器

图 5-37　绘制变电原理图

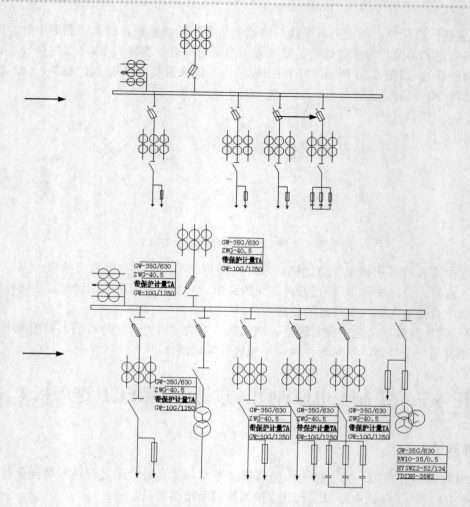

图 5-37　绘制变电原理图（续）

【操作步骤】

1. 配置绘图环境

（1）打开 AutoCAD 应用程序，建立新文件。

（2）选择菜单栏中的"工具"→"工具栏"→"AutoCAD"命令，调出"标准""图层""对象特性""绘图""修改"和"标注"6 个工具栏，并将它们移动到绘图窗口中的适当位置。

（3）单击状态栏中的"栅格"按钮，或者按【F7】快捷键，在绘图窗口中显示栅格，命令行中会提示"命令：＜栅格 开＞"。若想关闭栅格，可以再次单击状态栏中的"栅格"按钮，或者按【F7】快捷键。

2. 绘制图形符号

（1）绘制开关。

① 单击"绘图"工具栏中的"直线"按钮，在"正交"模式下以坐标点（400,400）为起点绘制一条长度为 50mm 的竖线。然后设置增量角度为 30°，绘制一条斜直线，最后绘制长度为 20mm 的水平直线，如图 5-38 所示。

② 单击"修改"工具栏中的"移动"按钮✛，将绘制的直线向右移动 5mm。单击"修改"工具栏中的"修剪"按钮 ⁻⁄⁻，对图形进行修剪，结果如图 5-39 所示。

③ 单击"绘图"工具栏中的"直线"按钮 ╱，选取竖直线的下端点，绘制长度为 10mm 的水平直线，然后绘制长度为 40 的竖直线。最后以直线的端点为起点绘制角度为 30，长度为 5mm 的斜直线，如图 5-40 所示。

④ 单击"修改"工具栏中的"镜像"按钮◢◣ 和"复制"按钮🖧，得到如图 5-41 所示的图形。

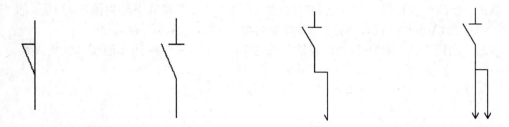

图 5-38 画折线　　　图 5-39 剪切线段　　　图 5-40 绘制直线　　　图 5-41 镜像复制后的效果图

⑤ 单击"绘图"工具栏中的"直线"按钮 ╱，绘制矩形，结果如图 5-42 所示，将图形文件命名为"开关"并保存。

（2）绘制跌落式熔断器符号。

① 复制如图 5-39 所示的图形到适当位置。

② 单击"修改"工具栏中的"偏移 "按钮⬚，将斜直线向两侧偏移适当距离。结果如图 5-43 所示。

③ 单击"绘图"工具栏中的"直线"按钮 ╱，连接偏移后直线的端点；用同样的方法，指定偏移斜线上一点为起点，捕捉另一偏移斜线上的垂足为终点，绘制斜线的垂线，结果如图 5-44 所示。

④ 单击"修改"工具栏中的"修剪"按钮 ⁻⁄⁻，对如图 5-44 所示的图形进行修剪，结果如图 5-45 所示，即为跌落式熔断器符号，将图形文件命名为"跌落式熔断器"并保存。

图 5-42 绘制矩形　　　图 5-43 偏移斜线　　　图 5-44 绘制垂线　　　图 5-45 跌落式熔断器

（3）绘制断路器符号。

① 复制如图 5-39 所示的图形到适当位置。

② 单击"修改"工具栏中的"旋转"按钮○，将图中的水平线以其与竖线交点为基点旋转 45 度，如图 5-46 所示。

③ 单击"修改"工具栏中的"镜像"按钮◢◣，将旋转后的线以竖线为轴进行镜像处理，结果如图 5-47 所示，即为断路器，将图形文件命名为"断路器符号"并保存。

（4）绘制站用变压器符号。

① 单击"绘图"工具栏中的"圆"按钮 ⊘，以坐标点（200,200）为圆心绘制半径为10mm的圆，并将圆向上复制，距离为18mm。

② 单击"绘图"工具栏中的"直线"按钮 ∕，以复制后的圆心为起点向上绘制长度为8mm的竖直线，单击"修改"工具栏中的"环形阵列"按钮 ⸬，将竖直线绕圆心进行环形阵列，阵列个数为3，结果如图5-48所示。

③ 单击"修改"工具栏中的"复制"按钮 ⸬，在"正交"模式下将如图5-48所示的"Y"形向下方复制，如图5-49所示，将图形文件命名为"站用变压器"并保存。

④ 单击"绘图"工具栏中的"创建块"按钮 ⸬，将如图5-49所示的图形创建为块。

图5-46　旋转线段　　图5-47　镜像复制线段　　图5-48　绘制Y图形　　图5-49　移动后的效果图

⑤ 在命令行输入WBLOCK命令，系统打开"写块"对话框，在"源"选项组中选择"块"单选按钮，在后面的下拉列表框中选择"站用变压器"块，将其保存并确认退出。

（5）绘制电压互感器符号。

① 单击"绘图"工具栏中的"圆"按钮 ⊘，绘制直径为20mm的圆。

② 单击"绘图"工具栏中的"正多边形"按钮 ⬠，在绘制的圆中选择一点绘制一三角形。

③ 单击"绘图"工具栏中的"直线"按钮 ∕，在"正交"模式下绘制一条直线，如图5-50所示。

④ 单击"修改"工具栏中的"修剪"按钮 ⸬，修剪图形，然后调用 "删除" ⸬ 命令，删除直线，如图5-51所示。

⑤ 单击"绘图"工具栏中的"插入块"按钮 ⸬，在绘图界面插入已绘制生成的站用变压器图块，调用图块能够大大缩短工作时间，提高效率，在实际工程中有很大用处，一般设计人员都有一个自己专门的设计图库，结果如图5-52所示。

⑥ 单击"修改"工具栏中的"移动"按钮 ⸬，选中站用变压器图块，打开"对象捕捉"和"对象追踪"按钮，将如图5-51与图5-52所示的图形结合起来，结果如图5-53所示，将图形文件命名为"电压互感器"并保存。

 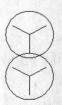 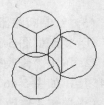

图5-50　绘制直线　　图5-51　剪切后的效果图　　图5-52　插入站用变压器　　图5-53　结合后的效果图

（6）绘制无极性电容器符号。

① 单击"绘图"工具栏中的"直线"按钮，绘制一条水平直线，如图 5-54 所示。

② 单击"修改"工具栏中的"偏移　"按钮，将水平直线向下偏移合适的距离，如图 5-55 所示。

③ 单击"绘图"工具栏中的"直线"按钮，在水平直线的两端绘制竖直线，保存，完成无极性电容器的绘制，结果如图 5-56 所示。

图 5-54　绘制水平线　　　　图 5-55　偏移直线　　　　图 5-56　无极性电容器

3. 定制设计中心和工具选项板

（1）将保存的电气元件图形复制到新建的"电气元件"文件夹中，如图 5-57 所示。

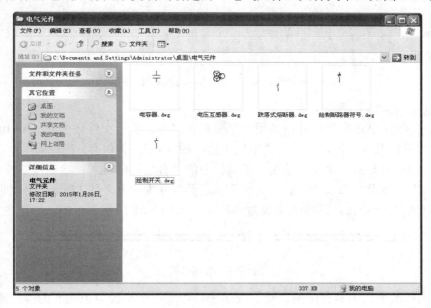

图 5-57　电气元件

（2）分别单击"标准"工具栏上的"设计中心"按钮和"工具选项板"按钮，打开"设计中心"和"工具选项板"对话框，如图 5-58 所示。

（3）在设计中心的"文件夹"选项卡下找到"电气元件"文件夹，在该文件夹上右击，在弹出的快捷菜单中选择"创建块的工具选项板"命令。

（4）系统自动在"工具选项板"对话框上创建一个名为"新建选项板"的工具选项板，如图 5-58 所示，该选项板上列出了"电气元件"文件夹中的所有图形，并将每一个图形自动转换成图块。

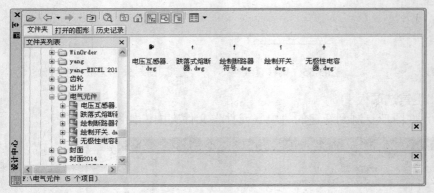

图 5-58 "设计中心"和"工具选项板"对话框

4．绘制电气主接线图

（1）打开 AutoCAD 应用程序，调用教学资料包"源文件"文件夹中的"A4 title"样板，建立新文件。设置保存路径，命名为"电气主接线图.dwg"，并保存。

（2）绘制 10kV 母线，单击"绘图"工具栏中的"直线"按钮，绘制一条长 1000mm 的直线，然后调用"偏移"命令，在"正交"模式下将直线向下平移 15mm，再次调用"直线"命令，将直线两头连接，并将线宽设为 0.7mm，如图 5-59 所示。

图 5-59　绘制母线

（3）单击"绘图"工具栏中的"圆"按钮，绘制一个半径为 10mm 的圆，使用"直线""复制"和"镜像"命令，完成如图 5-61 所示的图形。

（4）单击"绘图"工具栏中的"创建块"按钮，将如图 5-60 所示的图形创建为"主变"块。

5．插入图块

（1）按住鼠标左键，将"电气元件"工具选项板中的"开关"图块拖动到绘图区域，开关图块就插入到新的图形文件中了。

（2）继续使用工具选项板和设计中心插入各图块，并适当移动，结果如图 5-61 所示。

图 5-60　镜像效果

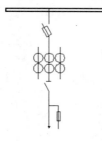

图 5-61　插入图形

（3）单击"修改"工具栏中的"复制"按钮，将如图 5-61 所示的图形复制后得到如图 5-62 所示的图形。

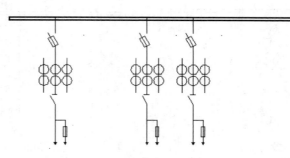

图 5-62　复制效果

（4）用类似的方法制作 10kV 母线上方的器件。单击"修改"工具栏中的"镜像"按钮，将最左边的部分向上镜像，结果如图 5-63 所示。

（5）单击"绘图"工具栏中的"直线"按钮，在镜像到直线上方的图形的适当位置画一条直线。

（6）单击"修改"工具栏中的"修剪"按钮，将直线上方多余的部分去掉，然后调用"删除"命令，将刚才画的直线删除，结果如图 5-64 所示。

（7）单击"修改"工具栏中的"移动"按钮，将如图 5-64 所示图形在直线上方的部分向右平移 90mm，结果如图 5-65 所示。

（8）单击"绘图"工具栏中的"插入块"按钮，在当前绘图区域中插入创建的"主变"块，用鼠标左键点选图块放置点并改变方向，绘制一个矩形并将其放到直线的适当位置处。

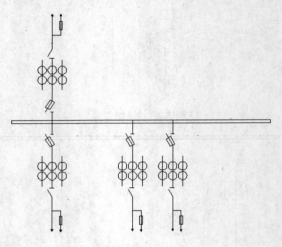

图 5-63　镜像效果

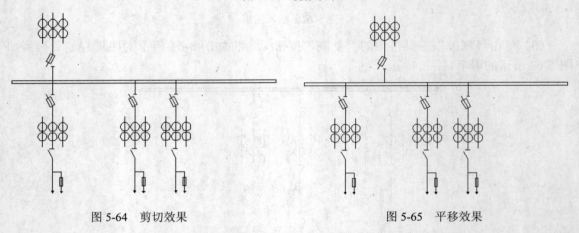

图 5-64　剪切效果　　　　　　　　　　　图 5-65　平移效果

（9）单击"修改"工具栏中的"复制"按钮，复制一个直线下方图形到最右边，结果如图 5-66 所示。

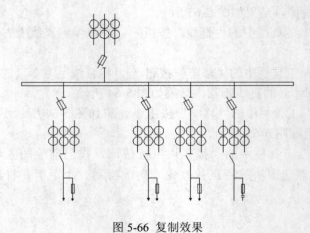

图 5-66　复制效果

（10）单击"修改"工具栏中的"删除"按钮 ✐，将刚才复制得到的图形的箭头去掉，单击"绘图"工具栏中的"直线"按钮 ✐ 和"修改"工具栏中的"移动"按钮 ✛，选择适当的位置，在电阻器下方绘制一个电容器符号，然后再单击"修改"工具栏中的"修剪"按钮 ⊸，将电容器两极板间的线段修剪掉，结果如图 5-67 所示。

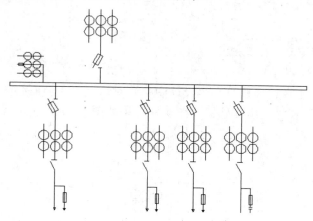

图 5-67　去掉箭头

（11）单击"修改"工具栏中的"复制"按钮 ⭗，设置"对象捕捉"方式为"中点"，在"正交"模式下，将电阻符号和电容器符号放置到中间直线上。

（12）单击"修改"工具栏中的"镜像"按钮 ⧊，将中线右边部分复制到中线左边，并连线，如图 5-68 所示。

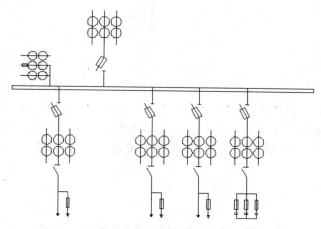

图 5-68　镜像复制连接

（13）使用"工具选项板"插入的图块不能旋转，对需要旋转的图块，可以采用直接从"设计中心"对话框拖动图块的方法实现，以如图 5-69 所示绘制水平引线后需要插入旋转的图块为例，讲述本方法。

① 打开"设计中心"对话框，打开"电气元件"文件夹，"设计中心"对话框右侧的显示框列表中显示该文件夹中的各图形文件，如图 5-58 所示。

② 选择其中的"跌落式熔断器.dwg"文件，按住鼠标左键，拖动到当前绘制图形中，命

令行提示与操作如下：

```
命令: _INSERT
输入块名或 [?]:"FU.dwg"
单位: 毫米    转换:    0.0394
指定插入点或 [基点(B)/比例(S)/X/Y/Z/旋转(R)]:              //捕捉如图5-69所示图中适当的
一点
输入 X 比例因子, 指定对角点, 或 [角点(C)/XYZ(XYZ)] <1>: 1↙
输入 Y 比例因子或 <使用 X 比例因子>:↙
指定旋转角度 <0>: -90↙
```

（14）继续使用"工具选项板"和"设计中心"对话框，在当前绘图区域插入已经创建的"站用变压器""开关"和"电压互感器"图块，结果如图5-70所示。

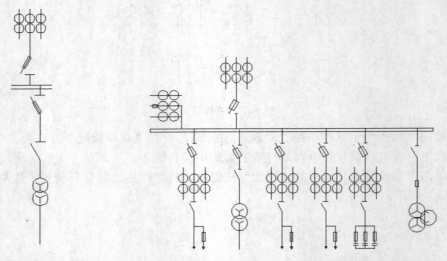

图5-69　绘制水平引线　　　　　图5-70　插入站用变压器、开关和电压互感器

（15）单击"绘图"工具栏中的"直线"按钮，开启"正交"模式，在电压互感器所在直线上画一折线，单击"绘图"工具栏中的"矩形"按钮，绘制一矩形并将其放到直线上，单击"绘图"工具栏中的"多段线"按钮，在直线端点绘制一箭头（此时启用"极轴追踪"功能，并将追踪角度设置为15°），结果如图5-71所示。

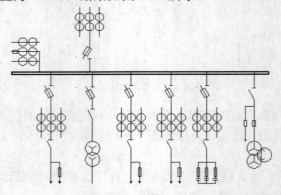

图5-71　绘制矩形和箭头

6. 输入注释文字

（1）单击"绘图"工具栏中的"多行文字"按钮 **A**，在需要注释的地方框选一个区域，弹出如图 5-72 所示的对话框。在弹出的文字对话框中标注需要的信息，单击"确定"按钮即可。

图 5-72　插入文字

（2）绘制文字框线，单击"绘图"工具栏中的"直线"按钮，和修改工具栏中"复制"按钮。完成后的效果如图 5-73 所示。

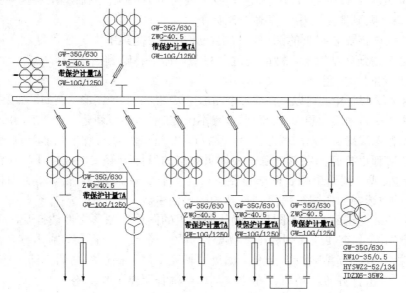

图 5-73　添加文字

7. 如果不想保存"电气元件"工具选项板，可以在"电气元件"工具选项板上右击，在弹出的快捷菜单中，选择"删除选项板"命令，删除该选项板。

【知识点详解】

1. 在设计中心中插入图块

AutoCAD 设计中心提供了插入图块的两种方法："利用鼠标指定比例和旋转方式"和"精确指定坐标、比例和旋转角度方式"。

（1）利用鼠标指定比例和旋转方式插入图块。

系统根据鼠标拉出的线段的长度与角度确定比例与旋转角度。插入图块的步骤如下。

① 从文件夹列表或查找结果列表选择要插入的图块，按住鼠标左键，将其拖动到打开的图形中。松开鼠标左键，此时，被选择的对象插入到当前打开的图形中。利用当前设置的捕捉方式，可以将对象插入到任何存在的图形中。

② 按下鼠标左键，指定一点作为插入点，移动鼠标，鼠标位置点与插入点之间距离为缩

放比例。按下鼠标左键确定比例。用同样的方法移动鼠标，鼠标指定位置与插入点连线与水平线角度为旋转角度。被选择的对象根据鼠标指定的比例和角度插入到图形当中。

（2）精确指定的坐标、比例和旋转角度插入图块。

利用该方法可以设置插入图块的参数，具体方法如下。

① 从文件夹列表或查找结果列表框选择要插入的对象，拖动对象到打开的图形中。

② 右击，在弹出的快捷菜单中选择"比例""旋转"等命令。

③ 在相应的命令行提示下输入比例和旋转角度等数值。

被选择的对象根据指定的参数插入到图形当中。

2．利用设计中心复制图形

（1）在图形之间拷贝图块。

利用 AutoCAD 设计中心可以浏览和装载需要拷贝的图块，然后将图块拷贝到剪贴板，利用剪贴板将图块粘贴到图形当中。具体方法如下。

① 在控制板选择需要拷贝的图块，右击在弹出的快捷菜单中选择"复制"命令。

② 将图块复制到剪贴板上，然后通过"粘贴"命令粘贴到当前图形中。

（2）在图形之间拷贝图层。

利用 AutoCAD 设计中心可以从任何一个图形拷贝图层到其他图形。例如，如果已经绘制了一个包括设计所需的所有图层的图形，在绘制另外新图形的时候，可以新建一个图形，并通过 AutoCAD 设计中心将已有的图层拷贝到新的图形当中，这样可以节省时间，并保证图形间的一致性。

① 拖动图层到已打开的图形：确认要拷贝图层的目标图形文件被打开，并且是当前的图形文件。在控制板或查找结果列表框选择要拷贝的一个或多个图层。拖动图层到打开的图形文件。松开鼠标后被选择的图层被拷贝到打开的图形当中。

② 拷贝或粘贴图层到打开的图形：确认要拷贝的图层的图形文件被打开，并且是当前的图形文件。在控制板或查找结果列表框选择要拷贝的一个或多个图层，右击打开快捷菜单，在快捷菜单中选择"复制到粘贴板"命令。如果要粘贴图层，确认粘贴的目标图形文件被打开，并为当前文件。右击打开快捷菜单，在快捷菜单中选择"粘贴"命令。

模拟试题与上机实验 5

1．选择题

（1）如图 5-74 所示的标注在"符号和箭头"选项卡"箭头"选项组下，应该如何设置？（　　　）

        A．建筑标记   B．倾斜   C．指示原点   D．实心方框

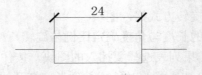

图 5-74　标注水平尺寸

（2）将尺寸标注对象如尺寸线、尺寸界线、箭头和文字作为单一的对象，必须将（　　　）

尺寸标注变量设置为 ON。

    A．DIMASZ   B．DIMASO   C．DIMON   D．DIMEXO

（3）下列尺寸标注中公用一条基线的是（   ）。

    A．基线标注   B．连续标注   C．公差标注   D．引线标注

（4）将图和已标注的尺寸同时放大 2 倍，其结果是（   ）。

    A．尺寸值是原尺寸的 2 倍   B．尺寸值不变，字高是原尺寸 2 倍

    C．尺寸箭头是原尺寸的 2 倍   D．原尺寸不变

（5）尺寸公差中的上下偏差可以在线性标注的（   ）选项中堆叠起来。

    A．多行文字   B．文字   C．角度   D．水平

（6）下列用 BLOCK 命令定义内部图块的说法中，正确的是（   ）。

    A．只能在定义它的图形文件内自由调用

    B．只能在另一个图形文件内自由调用

    C．既能在定义它的图形文件内自由调用，又能在另一个图形文件内自由调用

    D．两者都不能用

（7）在 AutoCAD 的"设计中心"对话框的（   ）选项卡中，可以查看当前图形中的图形信息。

    A．"文件夹"   B．"打开的图形"

    C．"历史记录"   D．"联机设计中心"

（8）利用设计中心不可能完成的操作是（   ）。

    A．根据特定的条件快速查找图形文件

    B．打开所选的图形文件

    C．将某一图形中的块通过鼠标拖放添加到当前图形中

    D．删除图形文件中未使用的命名对象，例如块定义、标注样式、图层、线型和文字样式等

（9）下列（   ）方法能插入创建好的块。

    A．从 Windows 资源管理器中将图形文件图标拖放到 AutoCAD 绘图区域插入块

    B．从设计中心插入块

    C．用粘贴命令 PASTECLIP 插入块

    D．用插入命令 INSERT 插入块

（10）下列关于块的说法正确的是（   ）。

    A．块只能在当前文档中使用

    B．只有用 WBLOCK 命令写到盘上的块才可以插入另一图形文件中

    C．任何一个图形文件都可以作为块插入另一幅图中

    D．用 BLOCK 命令定义的块可以直接通过 INSERT 命令插入到任何图形文件中

2．上机实验题

实验 1　将如图 5-75 所示的可变电阻符号定义为图块并保存。

◆ 目的要求

本实验绘制的图形相对简单，最重要的是熟悉图块定义与保存的操作方法。使用"块定义""写块"等命令来完成操作。

◆ 操作提示

（1）使用"块定义"对话框进行适当设置，定义块。

（2）使用 WBLOCK 命令进行适当设置，保存块。

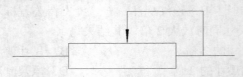

图 5-75 带滑动触点的电位器

实验 2 利用图块插入方法绘制如图 5-76 所示的三相电机启动控制电路图。

◆ 目的要求

本实验绘制的图形相对复杂，最重要的是熟悉图块定义与插入的操作方法。利用"块定义""写块""插入"等命令来完成操作。

◆ 操作提示

（1）绘制各种电气元件并保存为图块。

（2）插入各图块并连接。

（3）标注文字。

实验 3 利用设计中心绘制如图 5-77 所示的钻床控制电路局部图。

◆ 目的要求

本实验绘制的图形相对复杂，最重要的是熟悉设计中心与工具选项板的操作方法。注意体会与上一个实验中图块法完成绘图的异同点。

◆ 操作提示

（1）绘制各电气元件并保存。

（2）在设计中心中找到保存各电气元件的文件夹,在右边的文件显示框中选择需要的元件,拖动到所绘制的图形中，并指定缩放比例和旋转角度。

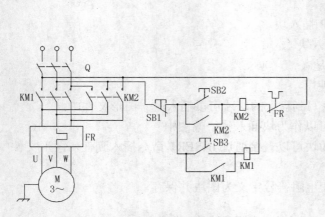

图 5-76 三相电机启动控制电路图

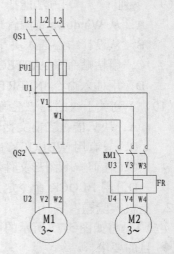

图 5-77 钻床控制电路局部图

项目六　绘制机械电气工程图

■【学习情境】

在前面的项目中，读者通过一些项目和任务系统地学习了使用 AutoCAD 绘制简单电气图形符号时用到的各种命令的使用技巧。掌握这些绘图命令后，就需要使用这些知识来绘制具体的电气工程图了。机械电气是电气工程的重要组成部分。随着相关技术的发展，机械电气的使用日益广泛。本项目通过几个任务来帮助读者掌握机械电气工程图的绘制方法。

■【能力目标】

➢ 掌握机械电气工程图的具体绘制方法。
➢ 灵活应用各种 AutoCAD 命令。
➢ 提高电气绘图的速度和效率。

■【课时安排】

9 课时（讲课 3 课时，练习 6 课时）

任务一　绘制 C630 型车床电气原理图

■【任务背景】

本任务绘制如图 6-1 所示 C630 型车床的电气原理图。该电路由 3 部分组成，其中从电源到两台电动机的电路称为主回路；而由继电器、接触器等组成的电路称为控制回路；另一部分是照明回路。

C630 型车床的主电路有两台电动机，主轴电动机 M1 拖动主轴旋转，采用直接启动；电动机 M2 为冷却泵电动机，用转换开关 QS2 控制其启动和停止。M2 由熔断器 FU1 作短路保护，热继电器 FR2 作过载保护，而 M1 只有 FR1 过载保护。合上总电源开关 QS1 后，按下启动按钮 SB2，接触器 KM 吸合并自锁，M1 启动并运转。要停止电动机时，按下停止按钮 SB1 即可。由变压器 T 将 380V 交流电压转变成 36V 安全电压，供给照明灯 EL。

本任务详细讲述了 C630 型车床电气原理图的设计过程。绘制类似的电气原理图分为以下几个阶段：首先按照线路的分布情况绘制主连接线，然后分别绘制各元器件，将各元器件按照顺序依次用导线连接成图纸的 3 个主要组成部分，再把 3 个主要组成部分按照合适的尺寸平移到对应的位置，最后添加文字注释。

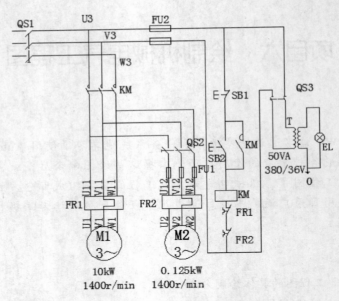

图 6-1 C630 型车床的电气原理图

▨【操作步骤】

1. 设置绘图环境

（1）建立新文件。启动 AutoCAD 2014 应用程序，以"A4.dwt"样板文件为模板建立新文件，将新文件命名为"C630 型车床的电气原理图.dwt"并保存。

（2）设置绘图工具栏。分别调出"标准""图层""对象特性""绘图""修改"和"标注"工具栏，并将它们移动到绘图窗口中的合适位置处。

（3）开启栅格。单击状态栏中的"栅格"按钮或者按【F7】快捷键，在绘图窗口中显示栅格，命令行中会提示"命令：<栅格 开>"。

2. 绘制主连接线

（1）绘制水平直线。单击"绘图"工具栏中的"直线"按钮 ✏，绘制长度为 435mm 的直线，绘制结果如图 6-2 所示。

————————————————

图 6-2 绘制水平直线

（2）偏移水平直线。单击"修改"工具栏中的"偏移"按钮 ⏚，将如图 6-2 所示直线依次向下偏移 2 次，偏移量为 24mm，得到水平直线 2 和 3，如图 6-3 所示。

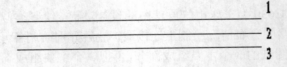

图 6-3 偏移直线

（3）绘制竖直直线。单击"绘图"工具栏中的"直线"按钮 ✏ 并启动"对象追踪"功能，用鼠标分别捕捉直线1和直线3的左端点，连接起来，得到直线4，如图6-4所示。

（4）拉长直线。把直线4竖直向下拉长30mm，命令行提示与操作如下：

```
命令：_lengthen
选择对象或 [增量(DE)/百分数(P)/全部(T)/动态(DY)]：DE↙
输入长度增量或[角度(A)]<0.0000>:30↙
选择要修改的对象或[放弃(U)]：              //选择直线4
选择要修改的对象或[放弃(U)]：↙
```

绘制结果如图6-5所示。

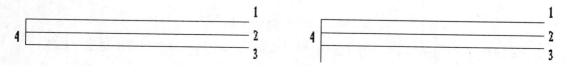

图6-4 绘制竖直直线   图6-5 拉长直线

（5）偏移直线。单击"修改"工具栏中的"偏移"按钮 ⬚，以直线4为起始，依次向右偏移76mm、24mm、24mm、166mm、34mm和111mm，如图6-6所示。

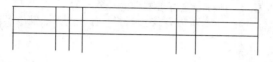

图6-6 偏移直线

（6）单击"修改"工具栏中的"修剪"按钮 ⊬ 和"删除"按钮 ✐，对图形进行修剪，并删除直线4，结果如图6-7所示。

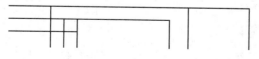

图6-7 主连接线

3．绘制主回路

（1）连接主电动机M1与热继电器。

① 单击"绘图"工具栏中的"插入块"按钮 ⬚，打开"插入"对话框。单击"浏览"按钮，选择"热继电器"图块作为插入对象，在绘图区域中指定插入点，其他保持默认设置，单击"确定"按钮。插入的热继电器如图6-8（a）所示。同理插入"电动机"图块。

② 绘制直线。单击"绘图"工具栏中的"直线"按钮 ✏，用鼠标捕捉电动机符号的圆心，以其为起点，竖直向上绘制长度为36mm的直线，如图6-8（b）所示。

③ 连接主电动机M1与热继电器。单击"修改"工具栏中的"移动"按钮 ✥，选择整个电动机为平移对象，用鼠标捕捉如图6-8（b）所示直线端点1为平移基点，移动图形，并捕捉如图6-8（a）所示热继电器中间接线头2为目标点，平移后结果如图6-8（c）所示。

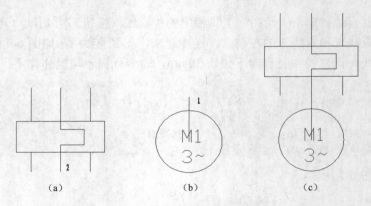

图 6-8　连接主电动机和热继电器

④ 延伸直线。单击"修改"工具栏中的"延伸"按钮 ⌐/，命令行提示与操作如下：

```
当前设置：投影=UCS，边=无
选择边界的边...
选择对象或 <全部选择>：找到一个                    //选择电动机符号圆
选择对象：✓
选择对象：
选择要延伸的对象，或按住 Shift 键选择要修剪的对象，或
[栏选(F)/窗交(C)/投影(P)/边(E)/放弃(U)]：       //选择热继电器左右接线头
```

延伸结果如图 6-9（a）所示。

⑤ 修剪直线。单击"修改"工具栏中的"修剪"按钮 ⌐/，修剪掉多余的直线，修剪结果如图 6-9（b）所示。

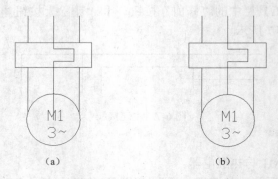

图 6-9　延伸与修剪直线

（2）插入接触器主触点。

① 单击"绘图"工具栏中的"插入块"按钮，打开"插入"对话框。单击"浏览"按钮，选择"接触器主触点"图块为插入对象，在绘图区域中指定插入点，其他保持默认设置，单击"确定"按钮。插入的接触器主触点如图 6-10（a）所示。

② 拉长直线。命令行提示与操作如下：

```
命令：_lengthen
选择对象或 [增量(DE)/百分数(P)/全部(T)/动态(DY)]：DE✓
输入长度增量或[角度(A)]<0.0000>：165✓
选择要修改的对象或[放弃(U)]：        //选择热继电器第一个接线头
```

选择要修改的对象或[放弃(U)]:	//选择热继电器第二个接线头
选择要修改的对象或[放弃(U)]:	//选择热继电器第三个接线头
选择要修改的对象或[放弃(U)]:↙	

绘制结果如图 6-10（b）所示。

③ 连接接触器主触点与热继电器。单击"修改"工具栏中的"移动"按钮✛，选择接触器主触点为平移对象，用鼠标捕捉如图 6-10（a）所示直线的端点 3 为平移基点，移动图形，并捕捉如图 6-10（b）所示热继电器右边接线头 4 为目标点，平移后的结果如图 6-10（c）所示。

④ 绘制直线。单击"绘图"工具栏中的"直线"按钮╱，以接触器主触点符号中端点 3 为起始点，水平向左绘制长度为 48mm 的直线 L。

⑤ 平移直线。单击"修改"工具栏中的"移动"按钮✛，将直线 L 向左平移 4mm，向上平移 7mm，平移后的效果如图 6-10（d）所示。选中这条直线，单击"图层"工具栏中的下拉按钮☑，在图层列表中选择"虚线层"，得到如图 6-10（e）所示的结果。

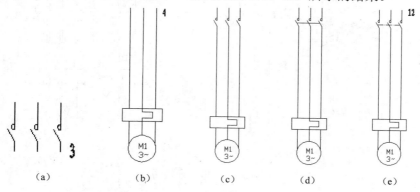

图 6-10　插入接触器主触点

（3）连接冷却泵电动机 M2 与热继电器。

① 单击"绘图"工具栏中的"插入块"按钮🔲，插入的熔断器符号如图 6-11（a）所示。

② 使用剪贴板，从绘制的图形中复制需要的元件符号，如图 6-11（b）所示。

（4）连接熔断器与热继电器。

单击"修改"工具栏中的"移动"按钮✛，选择熔断器为平移对象，用鼠标捕捉如图 6-11（a）所示直线端点 6 为平移基点，移动图形，并捕捉如图 6-11（b）所示热继电器右边接线头 5 为目标点，平移后的结果如图 6-11（c）所示。

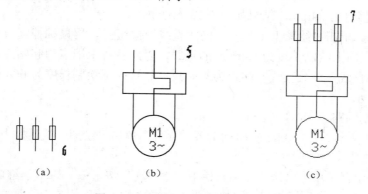

图 6-11　熔断器与热继电器连接图

（5）连接熔断器与转换开关。

① 单击"绘图"工具栏中的"插入块"按钮，插入的转换开关符号如图6-12（a）所示。

② 单击"修改"工具栏中的"移动"按钮，选择转换开关为平移对象，用鼠标捕捉如图6-12（a）所示直线端点8为平移基点，移动图形，并捕捉如图6-11（c）所示熔断器右边接线头7为目标点。修改添加的文字，将电动机中的文字"M1"修改为"M2"，结果如图6-12（b）所示。

③ 绘制连接线，完成主电路的连接图，如图6-12（c）所示。

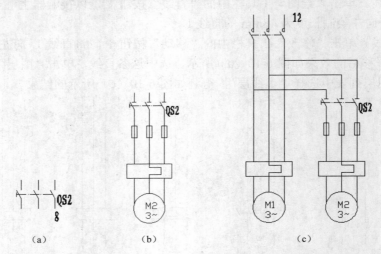

图6-12　主电路连接图

4．绘制控制回路

（1）绘制控制回路连接线。

① 绘制直线。单击"绘图"工具栏中的"直线"按钮，选取绘图区域中合适位置为起始点，竖直向下绘制长度为350mm的直线，用鼠标捕捉此直线的下端点，以其为起点，水平向右绘制长度为98mm的直线，以此直线右端点为起点，向上绘制长度为308mm的竖直直线，用鼠标捕捉此直线的上端点，向右绘制长度为24mm的水平直线，结果如图6-13（a）所示。

② 偏移直线。单击"修改"工具栏中的"偏移"按钮，以直线01为起始，向右偏移一条直线02，偏移量为34mm，结果如图6-13（b）所示。

③ 绘制直线。单击"绘图"工具栏中的"直线"按钮，用鼠标捕捉直线02的上端点，以其为起点，竖直向上绘制长度为24mm的直线，以此直线上端点为起始点，水平向右绘制长度为112mm的直线，以此直线右端点为起始点，竖直向下绘制长度为66mm的直线，结果如图6-13（c）所示。

（2）完成控制回路。

① 如图6-14所示为控制回路中用到的各种元件。单击"绘图"工具栏中的"插入块"按钮，将所需元件插入到电路中。

② 插入热继电器。单击"修改"工具栏中的"移动"按钮，选择热继电器为平移对象，用鼠标捕捉如图6-14（a）所示热继电器接线头1为平移基点，移动图形，并捕捉如图6-13（b）

所示的控制回路连接线端点02作为平移目标点，将热继电器平移到连接线图中来。采用同样的方法插入另一个热继电器。最后单击"修改"工具栏中的"删除"按钮 ✐，删除多余的直线段。

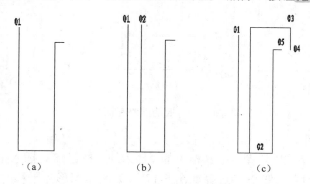

图6-13 控制回路连接线

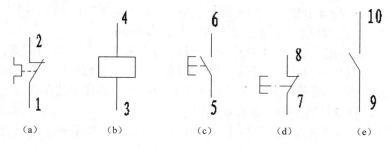

图6-14 各种元件

③ 插入接触器线圈。单击"修改"工具栏中的"移动"按钮 ✛，选择如图6-14（b）所示图形为平移对象，用鼠标捕捉其接线头3为平移基点，移动图形，并在如图6-13（c）所示的控制回路连接线图中，用鼠标捕捉插入的热继电器接线头2作为平移目标点，将接触器线圈平移到连接线图中来。采用同样的方法将控制回路中其他的元器件插入到连接线图中，得到如图6-15所示的控制回路。

5．绘制照明回路

（1）绘制照明回路连接线。

① 绘制矩形。单击"绘图"工具栏中的"矩形"按钮 ▢，绘制一个长为86mm、宽为114mm的矩形，如图6-16（a）所示。

② 分解矩形。单击"修改"工具栏中的"分解"按钮 ⬔，将绘制的矩形分解为4条直线。

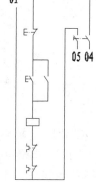

图6-15 控制回路

③ 偏移矩形。分别单击"修改"工具栏中的"偏移"按钮 ⬚，以矩形左右两边为起始，分别向内绘制两条直线，偏移量均为24mm；以矩形上下两边为起始，分别向内绘制两条直线，偏移量均为37mm，如图6-16（b）所示。

④ 修剪图形。单击"修改"工具栏中的"修剪"按钮 ⊹，修剪掉多余的直线，修剪结果如图6-16（c）所示。

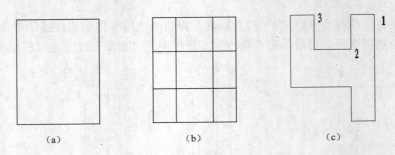

图 6-16　照明回路连接线

（2）添加电气元件。

① 添加指示灯。单击"绘图"工具栏中的"插入块"按钮，插入指示灯符号。单击"修改"工具栏中的"移动"按钮，选择如图 6-17（a）所示图形为平移对象，用鼠标捕捉其接线头 P 为平移基点，移动图形，在如图 6-17（c）所示的控制回路连接线图中，用鼠标捕捉端点 1 作为平移目标点，将指示灯平移到连接线图中。单击"修改"工具栏中的"移动"按钮，选择指示灯为平移对象，将指示灯沿竖直方向向下平移 40mm。

② 添加变压器。单击"绘图"工具栏中的"插入块"按钮，插入变压器符号。单击"修改"工具栏中的"移动"按钮，选择如图 6-17（b）所示图形为平移对象，用鼠标捕捉其接线头 D 为平移基点，移动图形，在图 6-17（c）所示的控制回路连接线图中，用鼠标捕捉端点 2 作为平移目标点，将变压器平移到连接线图中。

③ 修剪图形。单击"修改"工具栏中的"修剪"按钮，修剪掉多余的直线，修剪结果如图 6-17（c）所示。

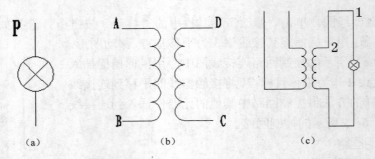

图 6-17　完成照明回路

6．绘制组合回路

将主回路、控制回路和照明回路组合起来，即以各个回路的接线头为平移的起点，以主连接线的各接线头为平移的目标点，将各个回路平移到主连接线的相应位置，步骤与上面各个回路的连接方式相同，再把总电源开关 QS1、熔断器 FU2 和地线插入到相应的位置，结果如图 6-18 所示。

7．添加注释文字

（1）创建文字样式。选择菜单栏中的"格式"→"文字样式"命令，打开"文字样式"对话框，创建样式名为"C630 型车床的电气原理图"的文字样式，将"字体名"设置为"仿宋_GB2312"，"字体样式"设置为"常规"，"高度"设置为 15，"宽度因子"设置为 0.7。

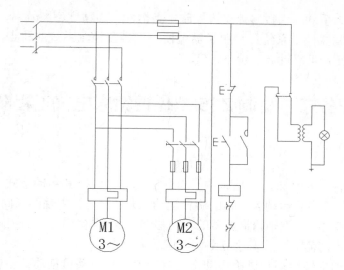

图 6-18　完成绘制

（2）添加注释文字。使用 MTEXT 命令输入多行文字，然后调整其位置，对齐文字。调整位置时，结合使用"正交"命令。

添加注释文字后，即完成了整张图纸的绘制，如图 6-1 所示。

【知识点详解】

机械电气是一类比较特殊的电气，主要指应用在机床上的电气系统，故也可以称为机床电气，包括应用在车床、磨床、钻床、铣床以及镗床上的电气，也包括机床的电气控制系统、伺服驱动系统和计算机控制系统等。随着数控系统的发展，机床电气也成为了电气工程的一个重要组成部分。机床电气系统的组成如下。

1．电力拖动系统

以电动机为动力驱动控制对象（工作机构）作机械运动。

（1）直流拖动与交流拖动。

直流拖动：具有良好的起动、制动和调速性能，可以方便地在很宽的范围内平滑调速，尺寸大，价格高，运行可靠性差。

交流拖动：具有单机容量大、转速高、体积小、价钱便宜、工作可靠和维修方便等优点，但调速困难。

（2）单电动机拖动和多电动机拖动。

单电动机拖动：每台机床上安装一台电动机，通过机械传动机构装置将机械能传递到机床的各运动部件。

多电动机拖动：一台机床上安装多台电动机，分别拖动各运动部件。

2．电气控制系统

对各拖动电动机进行控制，使它们按规定的状态、程序运动，并使机床各运动部件的运动得到合乎要求的静、动态特性。

（1）继电器—接触器控制系统：这种控制系统由按钮开关、行程开关、继电器、接触器等电气元件组成，控制方法简单直接，价格低。

（2）计算机控制系统：由数字计算机控制，高柔性、高精度、高效率、高成本。

（3）可编程控制器控制系统：克服了继电器—接触器控制系统的缺点，又具有计算机的优点，并且编程方便，可靠性高，价格便宜。

任务二　绘制 Z35 型摇臂钻床电气工程图

【任务背景】

摇臂钻床是一种立式钻床，在钻床中具有一定的典型性，其运动形式分为：主运动、进给运动和辅助运动。其中主运动为主轴的旋转运动；进给运动为主轴的纵向移动；辅助运动有摇臂沿外立柱的垂直移动、主轴箱沿摇臂的径向移动、摇臂与外立柱一起相对于内立柱的回转运动。摇臂钻床的工艺范围广，调速范围大，运动多。

摇臂钻床的主轴旋转运动和进给运动由一台交流异步电动机拖动，主轴的正反转旋转运动是通过机械转换实现的，故主电动机只有一个旋转方向。

摇臂钻床除了主轴的旋转和进给运动外，还有摇臂的上升、下降及立柱的夹紧和放松。摇臂的上升、下降由一台交流异步电动机拖动，立柱的夹紧和放松由另一台交流电动机拖动。

本任务主要详细讲述 Z35 型摇臂钻床电气原理图的设计过程。其基本思路是：首先绘制主动回路，然后绘制控制回路，再绘制照明指示回路，最后为线路图添加文字说明便于阅读和交流图样，如图 6-19 所示。

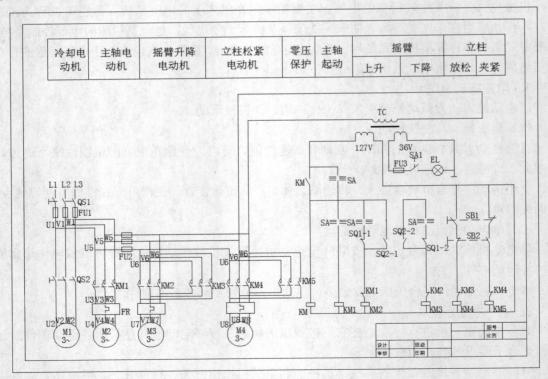

图 6-19　Z35 型摇臂钻床的电气原理图

【操作步骤】

1. 主动回路设计

主动回路包括 4 台三相交流异步电动机、冷却泵电动机 M1、主轴电动机 M2、摇臂升降电动机 M3 和立柱电动机 M4。其中 M3 和 M4 要求能够正反向起动。

（1）进入 AutoCAD 2014 绘图环境，打开"源文件"文件夹中的"A3 样板图"样板，将文件另存为"Z35 电气设计.dwg"。

（2）选择菜单栏中的"格式"→"图层"命令，新建"主回路层""控制回路层"和"文字说明层" 3 个图层。各图层的设置如图 6-20 所示。

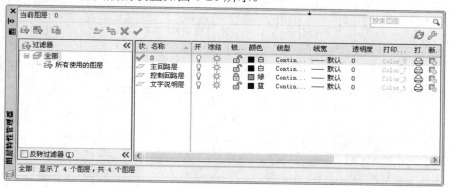

图 6-20　图层设置

（3）主动回路和控制回路由三相交流总电源供电，通断由总开关控制，各相电路中设置熔断器，防止短路，保证电路安全，如图 6-21 所示。

（4）冷却泵电动机 M1 为手动起动，手动多极按钮开关 QS2 控制其运行或者停止，如图 6-22 所示。

（5）主轴电动机 M2 的起动和停止由 KM1 的主触点控制，主轴如果过载，相电流会增大，FR 熔断，起到保护作用，如图 6-23 所示。

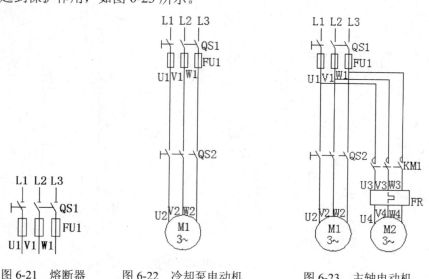

图 6-21　熔断器　　　图 6-22　冷却泵电动机　　　图 6-23　主轴电动机

（6）摇臂升降电动机 M3 要求可以正反向起动，及过载保护，回路必须串联正反转继电器主触点和熔断器，如图 6-24 所示。

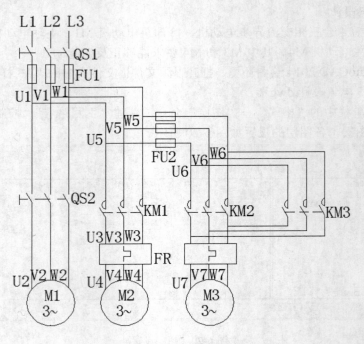

图 6-24　摇臂升降电动机

（7）立柱松紧电动机 M4 要求可以正反向起动，过载保护，回路必须串联正反转继电器主触点和熔断器，如图 6-25 所示。

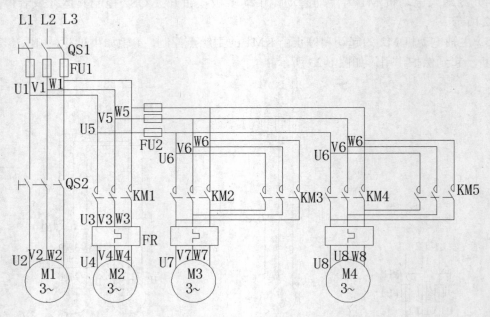

图 6-25　立柱松紧电动机

2．控制回路设计

（1）从主回路中为控制回路抽取两根电源线，绘制线圈、铁芯和导线符号，供电系统通过变压器为控制系统供电，如图 6-26 所示。

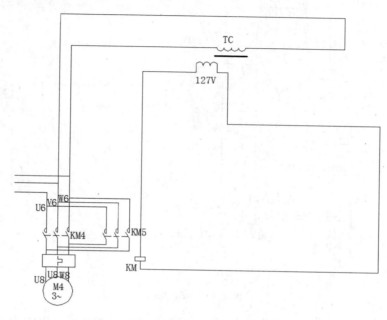

图 6-26　控制系统

（2）零压保护是通过十字开关 SA 和接触器 KM 实现的，如图 6-27 所示。在电路原理说明一节中会有详细的零压保护原理说明。

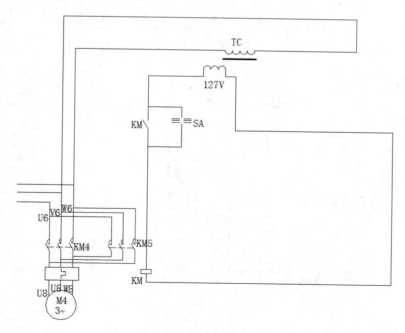

图 6-27　零压保护

（3）扳动 SA，KM1 得电，KM1 主触点闭合，主轴起动，如图 6-28 所示。

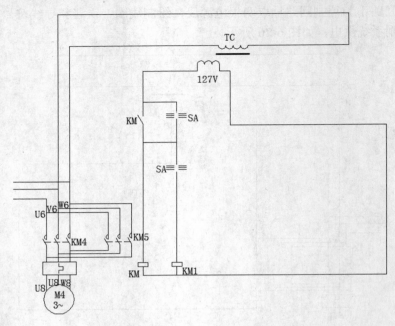

图 6-28　主轴起动

（4）扳动 SA，KM2 得电，其主触点闭合，摇臂升降电动机正转，SQ1 为摇臂的升降限位位置开关，SQ2 为摇臂升降电动机正反转位置开关，KM3 为反转互锁，如图 6-29 所示。

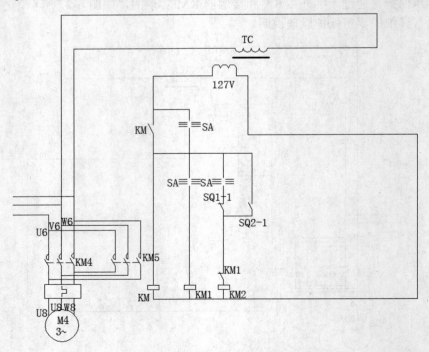

图 6-29　摇臂升降电动机正转电路

（5）同（4）设计摇臂升降电动机反转控制线路，如图 6-30 所示。

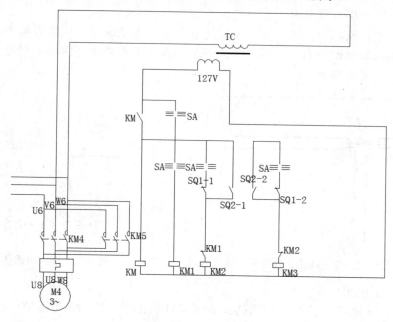

图 6-30　摇臂升降电动机反转电路

（6）立柱松紧电动机正反转通过开关实现互锁控制，如图 6-31 所示。当 SB1 按下时，KM4 得电，M4 正转；同理，当 SB2 按下时，M4 反转。

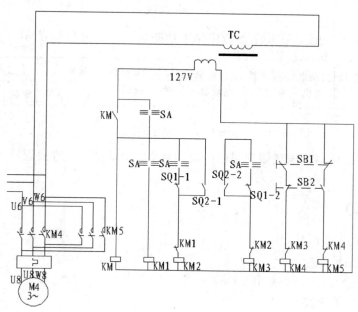

图 6-31　立柱松紧电动机正反转电路

3．照明指示回路设计

（1）将"主回路层"设置为当前图层。

（2）绘制线圈、铁芯和导线，如图 6-32 所示，供电系统通过变压器为照明回路供电。

（3）在绘制的导线端点右侧，插入手动开关、保险丝和照明灯图块，用导线连接，设计完成照明回路，如图 6-33 所示。

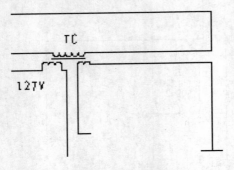
图 6-32 绘制线圈、铁芯和导线

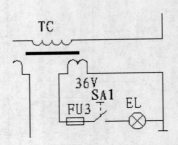
图 6-33 照明电路图

（4）添加文字说明

① 将"文字说明层"设置为当前图层，在各功能块正上方绘制矩形区域，如图 6-34 所示。

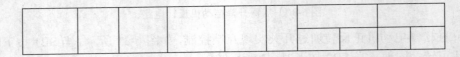

图 6-34 功能区域划分

② 调用文字编辑功能，在矩形区域中填上功能说明，如图 6-35 所示。

冷却电动机	主轴电动机	摇臂升降电动机	立柱松紧电动机	零压保护	主轴起动	摇臂		立柱	
						上升	下降	放松	夹紧

图 6-35 功能说明

至此，Z35 型摇臂钻床电气原理图已经设计完毕，把各部分整理放置整齐后得到总图，如图 6-19 所示。

■【知识点详解】

本电气工程图原理如下。

1．冷却泵电动机的控制

冷却泵电动机 M1 是由转换开关 QS2 直接控制的。

2．主轴电动机的控制

先将电源总开关 QS1 合上，并将十字开关 SA 扳向左方（共有左、右、上、下和中间 5 个位置），这时 SA 的触头压合，零压继电器 KM 吸合并自锁，为其他控制电路接通做好准备。再将十字开关扳向右方，SA 的另一触头接通，KM1 得电吸合，主轴电动机 M2 起动运转，经主轴传动机构带动主轴旋转。主轴的旋转方向由主轴箱上的摩擦离合器手柄操纵。

将 SA 扳到中间位置，接触器 KM1 断电，主轴停车。

3．摇臂升降控制

摇臂升降控制是在零压继电器 KM 得电并自锁的前提下进行的，用来调整工件与钻头的相对高度。这些动作是通过十字开关 SA，接触器 KM2、KM3，位置开关 SQ1、SQ2，控制电动机 M3 来实现的。SQ1 是能够自动复位的鼓形转换开关，其两对触点都调整在常闭状态。SQ2 是不能自动复位的鼓形转换开关，它的两对触点常开，由机械装置来带动其通断。

为了使摇臂上升或下降时不致超过允许的极限位置，在摇臂上升和下降的控制电路中，分别串入位置开关 SQ1-1、SQ1-2 的常闭触点。当摇臂上升或下降到极限位置时，挡块将相应的位置开关压下，使电动机停转，从而避免事故发生。

4．立柱夹紧与松开的控制

立柱的夹紧与放松是通过接触器 KM4 和 KM5 控制电动机 M4 的正反转来实现的。当需要摇臂和外立柱绕内立柱移动时，应先按下按钮 SB1，使接触器 KM4 得电吸合，电动机 M4 正转，通过齿式离合器驱动齿轮式油泵送出高压油，经一定油路系统和传动机构将内外立柱松开。

任务三　绘制电动机自耦减压启动控制电路图

■【任务背景】

用电动机作动力来带动生产机械运动的拖动方式叫做电力拖动。电力拖动装置由电动机、电动机与生产机械的传动装置以及电动机的控制设备和保护设备 3 部分组成。

电动机的控制保护电路根据生产工艺、安全等方面的要求，采用各种电器，电子元件等组成符合生产机械动作及程序要求的电气控制装置。随着电子技术，特别是微型计算机技术的发展，控制电路由传统的接触器、继电器、开关及按钮等组成的有触点控制向晶闸管（或晶体管）无触点逻辑元件构成的无触点控制、数字控制、微型计算机控制的方向发展。

如图 6-36 所示是一种自耦降压启动控制电路图，合上断路器 QS，信号灯 HL 亮，表明控制电路已接通电源，按下启动按钮 SB2，接触器 KM2 得电吸合，电动机经自耦变压器降压启动；中间继电器 KA1 也得电吸合，其常开触点闭合，做 KA1 的自保，同时接通通电延时时间继电器 KT1 回路。当时间继电器 KT1 延时时间到时，其延时动合触点闭合，使中间继电器 KA2 得电吸合自保，接触器 KM2 失电释放，自耦变压器退出运行；同时通电延时时间继电器 KT2 得电，当 KT2 延时时间到时，其延时动合触点闭合，使中间继电器 KA3 得电吸合，接触器 KM1 也得电吸合，电动机转入正常运行工作状态，时间继电器 KT1 失电。

本任务将讲述三相笼型异步电动机的自耦降压启动控制电路图绘制的基本思路和方法。绘制的大致思路如下：首先绘制各元器件图形符号，然后按照线路的分布情况绘制结构图，将各个元器件插入到结构图中，最后添加文字注释完成本图的绘制。

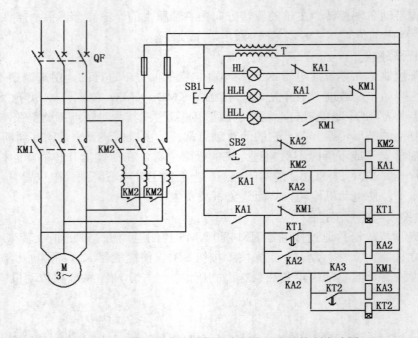

图 6-36　三相笼型异步电动机的自耦降压启动控制电路图

【操作步骤】

1．设置绘图环境

（1）建立新文件。

打开 AutoCAD 2014 应用程序，以"A4.dwt"样板文件为模板，建立新文件，将新文件命名为"自耦降压启动控制电路图.dwg"并保存。

（2）设置绘图工具栏。

调出"标准""图层""对象特性""绘图""修改"和"标注"6 个工具栏，并将它们移动到绘图窗口中的合适位置处。

（3）设置图层。

设置"连接线层""虚线层"和"实体符号层"3 个图层，将"连接线层"设置为当前图层。设置好的各图层属性如图 6-37 所示。

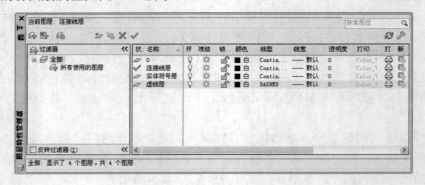

图 6-37　图层设置

2.绘制各元器件图形符号

（1）绘制断路器。

① 绘制竖线。单击"绘图"工具栏中的"直线"按钮，在"正交"模式下绘制一条长度为 15mm 的竖线，效果如图 6-38（a）所示。

② 绘制水平线。单击"绘图"工具栏中的"直线"按钮，以如图 6-38（a）所示竖线上端点 m 为起点，分别水平向右、向左绘制长度为 1.4mm 的线段，效果如图 6-38（b）所示。

③ 平移水平线。单击"修改"工具栏中的"移动"按钮，竖直向下移动水平线，移动距离为 5mm，效果如图 6-38（c）所示。

④ 旋转水平线。单击"修改"工具栏中的"旋转"按钮，将如图 6-38（c）所示水平线以其与竖线交点为基点旋转 45°，效果如图 6-38（d）所示。

⑤ 镜像旋转线。单击"修改"工具栏中的"镜像"按钮，将旋转后的线以竖线为对称轴做镜像处理，效果如图 6-38（e）所示。

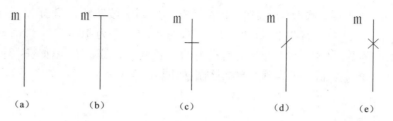

图 6-38 绘制断路器（一）

⑥ 设置极轴追踪。选择菜单栏中的"工具"→"绘图设置"命令，在打开的"草图设置"对话框中，勾选"启用极轴追踪"复选框，设置"增量角"为 30°，如图 6-39 所示。

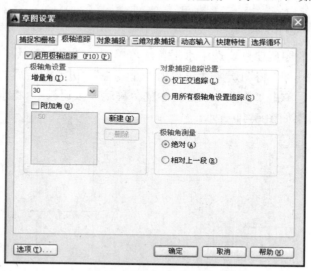

图 6-39 "草图设置"对话框

⑦ 绘制斜线。单击"绘图"工具栏中的"直线"按钮，捕捉如图 6-38（c）所示竖直直线的下端点，以其为起点，绘制与竖直直线成 30°角，长度为 7.5mm 的线段，效果如图 6-40（a）所示。

⑧ 偏移斜线。单击"修改"工具栏中的"移动"按钮 ✛，竖直向上移动斜线，移动距离为 5mm，效果如图 6-40（b）所示

⑨ 修剪图形。单击"修改"工具栏中的"修剪"按钮 ⫽，对如图 6-40（b）所示的竖直直线进行修剪，效果如图 6-40（c）所示。

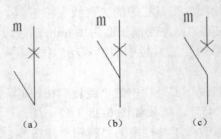

图 6-40　绘制断路器（二）

⑩ 阵列图形。单击"修改"工具栏中的"矩形阵列"按钮 ▦，选择如图 6-40（c）所示的图形为阵列对象，设置"行"为 1，"列"为 3，"列间距"为 10。

⑪ 绘制水平直线。单击"绘图"工具栏中的"直线"按钮 ╱，以如图 6-41 所示端点 n 为起始点，p 为终止点绘制水平直线，绘制结果如图 6-42 所示。

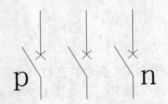

图 6-41　阵列图形

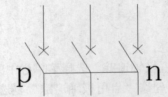

图 6-42　绘制水平线

⑫ 更改图形对象的图层属性。选中水平直线，单击"图层"工具栏中的 ⌄ 下拉按钮，在下拉菜单中选择"虚线层"，将图层属性设置为"虚线层"。更改图层后的效果如图 6-43 所示。

⑬ 移动水平直线。单击"修改"工具栏中的"移动"按钮 ✛，将水平线向上移动 2mm，向左移动 1.15mm，效果如图 6-44 所示。

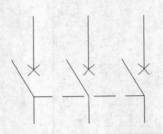

图 6-43　更改图层属性

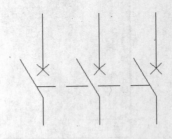

图 6-44　移动水平线

（2）绘制接触器。

① 修剪图形。在如图 6-44 所示的图形基础上，单击"修改"工具栏中的"删除"按钮 ✐，删除多余的图形，效果如图 6-45 所示。

② 绘制圆形。单击"绘图"工具栏中的"圆"按钮⊙，以如图 6-45 所示图中 O 点为圆心，绘制半径为 1mm 的圆，效果如图 6-46 所示。

③ 平移圆形。单击"修改"工具栏中的"移动"按钮✛，以圆的圆心为基准点，将圆向上移动 1mm，效果如图 6-47 所示。

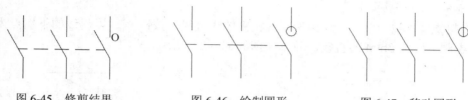

图 6-45　修剪结果　　　　图 6-46　绘制圆形　　　　图 6-47　移动圆形

④ 修剪圆形。单击"修改"工具栏中的"修剪"按钮⊶，修剪掉圆在竖直线右侧的部分，效果如图 6-48 所示。

⑤ 复制圆形。单击"修改"工具栏中的"复制"按钮，在"正交"模式下将如图 6-48 所示的半圆向左复制两份，复制距离为 10mm，效果如图 6-49 所示。

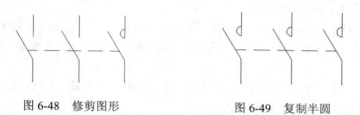

图 6-48　修剪图形　　　　　　图 6-49　复制半圆

（3）绘制时间继电器。

① 绘制矩形。单击"绘图"工具栏中的"矩形"按钮▭，绘制一个长为 10mm，宽为 5mm 的矩形，效果如图 6-50 所示。

② 绘制水平线。单击"绘图"工具栏中的"直线"按钮╱，在"对象捕捉"模式下，用鼠标捕捉矩形两个长边的中点，以其为起点，分别向左、向右绘制长度为 5mm 的直线，效果如图 6-50 所示。

③ 绘制矩形。单击"绘图"工具栏中的"矩形"按钮▭，以如图 6-51 所示的 e 为起点，绘制一个长为 2.5mm，宽为 5mm 的矩形，效果如图 6-52 所示。

④ 绘制斜线。单击"绘图"工具栏中的"直线"按钮╱，连接矩形对角的两个顶点，效果如图 6-53 所示。

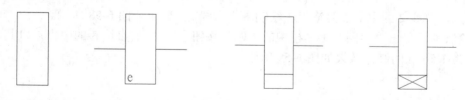

图 6-50　绘制矩形　　图 6-51　绘制直线　　图 6-52　绘制矩形　　图 6-53　绘制斜线

（4）绘制动合触点。

① 绘制水平直线。单击"绘图"工具栏中的"直线"按钮╱，以绘图区域合适位置为起

点，绘制长度为 10mm 的水平直线，效果如图 6-54（a）所示。

② 绘制斜线。单击"绘图"工具栏中的"直线"按钮 ✏，以水平直线右端点为起点，绘制与水平直线成 30°角，长度为 6mm 的直线，效果如图 6-54（b）所示。

③ 平移斜线。单击"修改"工具栏中的"移动"按钮 ✛，将斜线水平向左移动 2.5mm，效果如图 6-54（c）所示。

④ 绘制竖直直线。单击"绘图"工具栏中的"直线"按钮 ✏，以斜线的下端点为起点，竖直向上绘制长度为 3mm 的直线，效果如图 6-54（d）所示。

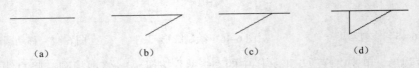

图 6-54　绘制动合触点

⑤ 修剪图形。单击"修改"工具栏中的"修剪"按钮 ⊶，以斜线和竖直直线为修剪边，对水平直线进行修剪，效果如图 6-55 所示，这就是绘制完成的动合触点图形符号。

（5）绘制时间继电器动合触点。

① 绘制竖直直线。在如图 6-55 所示的动合触点图形符号的基础上，单击"绘图"工具栏中的"直线"按钮 ✏，以 q 点为起点，竖直向下绘制长度为 4mm 的直线 1，效果如图 6-56（a）所示。

② 偏移竖直直线。单击"修改"工具栏中的"偏移"按钮 ⊜，将直线 1 向左偏移 0.7mm 得到直线 2，效果如图 6-56（b）所示。

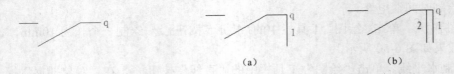

图 6-55　动合触点图形符号　　　　　　　　图 6-56　绘制竖直直线

③ 移动竖直直线。单击"修改"工具栏中的"移动"按钮 ✛，将如图 6-56（b）所示图形中的竖直直线向左移动 5mm，向下移动 1.5mm，效果如图 6-57（a）所示。

④ 修剪图形。单击"修改"工具栏中的"修剪"按钮 ⊶，对整个图形进行修剪，修剪结果如图 6-57b 所示。

⑤ 绘制直线。单击"绘图"工具栏中的"直线"按钮 ✏，以如图 6-57 所示直线 1 的下端点为起点，直线 2 的下端点为终点，绘制水平直线 3，效果如图 6-58 所示。

⑥ 绘制圆。单击"绘图"工具栏中的"圆"按钮 ⊙，捕捉直线 3 的中点，以其为圆心，绘制半径为 1.5mm 的圆，效果如图 6-59 所示。

图 6-57　移动修剪直线　　　　　图 6-58　绘制水平直线　　　图 6-59　绘制圆

⑦ 绘制斜线。单击"绘图"工具栏中的"直线"按钮 ✎ ，以直线 3 的中点为起点，分别向左、向右绘制与水平线成 25°角，长度为 1.5mm 的线段，效果如图 6-60 所示。

⑧ 修剪图形。单击"修改"工具栏中的"修剪"按钮 ⊹ ，以如图 6-60 所示的两条斜线为修剪边，修剪圆形，单击"修改"工具栏中的"删除"按钮 ✐ ，删除两条斜线，效果如图 6-61 所示。

⑨ 移动圆弧。单击"修改"工具栏中的"移动"按钮 ✛ ，将如图 6-61 所示图形中的圆弧向上移动 1.5mm。

⑩ 修剪图形。单击"修改"工具栏中的"修剪"按钮 ⊹ ，以圆弧为修剪边，修剪圆形，单击"修改"工具栏中的"删除"按钮 ✐ ，删除掉水平直线 3，效果如图 6-62 所示。

图 6-60　绘制斜线

图 6-61　修剪图形

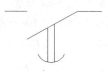
图 6-62　完成绘制

（6）绘制启动按钮。

① 绘制竖直直线。在如图 6-55 所示的动合触点图形符号的基础上，单击"绘图"工具栏中的"直线"按钮 ✎ ，以 q 点为起点，竖直向下绘制长度为 3.5mm 的直线 1，效果如图 6-63 所示。

② 移动竖直直线。单击"修改"工具栏中的"移动"按钮 ✛ ，将如图 6-63 所示图形中的竖直直线 1 向左移动 5mm，向下移动 1.5mm，效果如图 6-64 所示。

③ 修改图形对象的图层属性。选中竖直直线，单击"图层"工具栏中的 ⌄ 下拉按钮，在打开的下拉菜单中选择"虚线层"，将其图层属性设置为"虚线层"，修改图层后的效果如图 6-65 所示。

图 6-63　绘制竖直直线

图 6-64　移动竖直直线

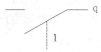
图 6-65　修改图层属性

④ 绘制水平直线。单击"绘图"工具栏中的"直线"按钮 ✎ ，以直线 1 下端点为起点，水平向右绘制长度为 1.5mm 的直线 2，重复"直线"命令，以直线 2 右端点为起始点，竖直向上绘制长度为 0.7mm 的直线 3，效果如图 6-66 所示。

⑤ 镜像图形。单击"修改"工具栏中的"镜像"按钮 ⚎ ，以如图 6-66 所示直线 1 为对称轴，直线 2 和 3 为镜像对象进行镜像复制，结果如图 6-67 所示，即为绘制完成的启动按钮符号。

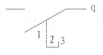
图 6-66　绘制直线

图 6-67　完成绘制的启动按钮符号

（7）绘制自耦变压器线圈。

① 绘制竖直直线。单击"绘图"工具栏中的"直线"按钮 ∕，绘制竖直直线1，长度为20mm，效果如图6-68（a）所示。

② 绘制圆。单击"绘图"工具栏中的"圆"按钮 ⊙，捕捉直线1的上端点，以其为圆心，绘制半径为1.25mm的圆，效果如图6-68（b）所示。

③ 移动圆。单击"修改"工具栏中的"移动"按钮 ✛，在"对象捕捉"绘图方式下，将如图6-68（b）所示的圆向下平移6.25mm，效果如图6-68（c）所示。

④ 阵列圆。单击"修改"工具栏中的"矩形阵列"按钮 ▦，选择如图6-68（c）所示的圆形为阵列对象，设置"行"为4，"列"为1，"行偏移"为-2.5，"列偏移"为0，"阵列角度"为0，效果如图6-68（d）所示。

⑤ 修剪图形。单击"修改"工具栏中的"修剪"按钮 ⊹，修剪掉多余直线，得到如图6-68（e）所示的结果，即为绘制完成的自耦变压器线圈图形符号。

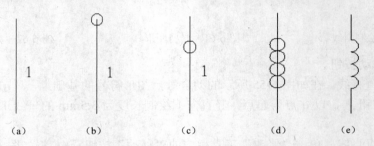

图6-68　绘制自耦变压器线圈图形符号

（8）绘制变压器。

① 绘制水平直线。单击"绘图"工具栏中的"直线"按钮，绘制水平直线1，长度为27.5mm，效果如图6-69（a）所示。

② 绘制圆。单击"绘图"工具栏中的"圆"按钮 ⊙，捕捉直线1的左端点，以其为圆心，绘制半径为1.25mm的圆，效果如图6-69（b）所示。

③ 移动圆。单击"修改"工具栏中的"移动"按钮 ✛，在"对象捕捉"绘图方式下，将如图6-69（b）所示的圆向右平移6.25mm，效果如图6-69（c）所示。

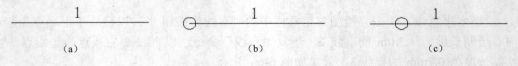

图6-69　绘制变压器（一）

④ 阵列圆。单击"修改"工具栏中的"矩形阵列"按钮 ▦，选择如图6-69（c）所示的圆形为阵列对象，设置"行"为1，"列"为7，"列间距"为2.5mm，"阵列角度"为0，效果如图6-70（a）所示。

⑤ 偏移直线。单击"修改"工具栏中的"偏移"按钮 ⊜，将直线1向下偏移2.5 mm得到直线2，效果如图6-70（b）所示。

⑥ 修剪图形。单击"修改"工具栏中的"修剪"按钮 ⊹，修剪掉多余直线，得到如

图 6-70（c）所示的结果。

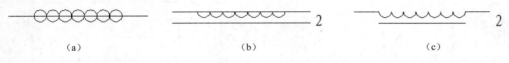

(a)   (b)   (c)

图 6-70 绘制变压器（二）

⑦ 镜像图形。单击"修改"工具栏中的"镜像"按钮，以直线 2 为镜像线，对直线 2 以上的部分做镜像操作，效果如图 6-71 所示。

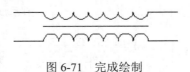

图 6-71 完成绘制

（9）绘制其他元器件符号。

本例中用到的元器件比较多，有一些在其他章节中也介绍过，在此不再一一赘述，其他元器件图形符号如图 6-72 所示。

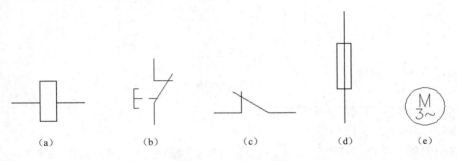

(a)   (b)   (c)   (d)   (e)

图 6-72 其他元器件图形符号

3．绘制结构图

（1）绘制竖直直线。单击"绘图"工具栏中的"直线"按钮，绘制长度为 121.5mm 的竖直直线 1。

（2）偏移竖直直线。单击"修改"工具栏中的"偏移"按钮，将直线 1 分别向右偏移 10mm、20mm、35mm、45mm、55mm、70mm、80mm、97mm、118mm、146mm、156mm 得到 11 条竖直直线，效果如图 6-73 所示。

（3）绘制水平直线。单击"绘图"工具栏中的"直线"按钮，以如图 6-73 所示的 a 点为起始点，b 点为终止点绘制直线 ab。

（4）偏移水平直线。单击"修改"工具栏中的"偏移"按钮，将直线 ab 分别向下偏移 5mm、5mm、8mm、8mm、8mm、14mm、10mm、10mm、10mm、8.5mm、8mm、10mm、9mm、8mm 得到 14 条水平直线，效果如图 6-74 所示。

（5）修剪图形。单击"修改"工具栏中的"修剪"按钮，修剪掉多余的线段，效果如图 6-75 所示。

图 6-73　绘制竖直直线并偏移

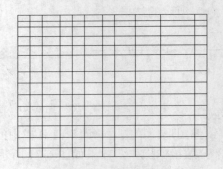

图 6-74　绘制水平线并偏移

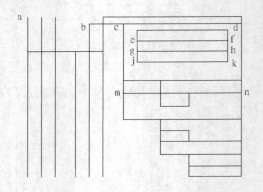

图 6-75　修剪图形

4．将元器件图形符号插入到结构图中

（1）将断路器插入到结构图中。

① 移动图形。单击"修改"工具栏中的"移动"按钮 ✣，选择如图 6-76（a）所示的断路器符号为平移对象，用鼠标捕捉断路器符号的 P 点为平移基点，以如图 6-75 所示图中 a 点为目标点移动图形，平移结果如图 6-76（b）所示。

② 修剪图形。单击"修改"工具栏中的"修剪"按钮 -/--，修剪掉多余的线段，效果如图 6-76（b）所示。

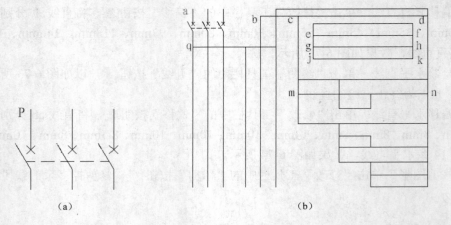

（a）　　　　　　　　　　　　　　　　（b）

图 6-76　插入断路器

（2）将接触器插入到结构图中。

① 移动图形。单击"修改"工具栏中的"移动"按钮 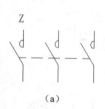，选择如图 6-77（a）所示的接触器符号为平移对象，用鼠标捕捉断路器符号的 Z 点为平移基点，以如图 6-77 所示图中 q 点为目标点移动图形。重复"移动"命令，选择刚插入的接触器符号为平移对象，竖直向下平移 15mm，效果如图 6-77（b）所示。

② 修剪图形。单击"修改"工具栏中的"修剪"按钮 ，修剪掉多余的线段，效果如图 6-77（b）所示。

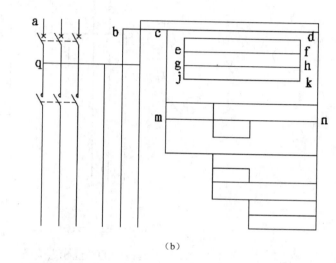

图 6-77　插入接触器

③ 复制接触器。单击"修改"工具栏中的"复制"按钮 ，选择如图 6-77（b）所示中的接触器符号为复制对象，向右复制一份，复制距离为 15mm，单击"修改"工具栏中的"修剪"按钮 ，修剪掉多余的线段，效果如图 6-78 所示。

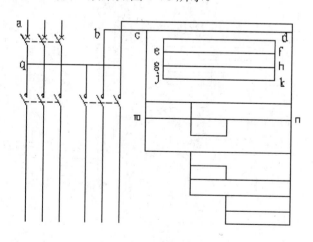

图 6-78　复制接触器

（3）将自耦变压器线圈插入到结构图中。

① 移动图形。单击"修改"工具栏中的"移动"按钮 ，选择如图 6-79（a）所示的自

耦变压器线圈符号为平移对象，用鼠标捕捉 y 点为平移基点，以如图 6-78 所示右边的接触器符号下端点为目标点，移动图形。

② 复制图形。单击"修改"工具栏中的"复制"按钮 ，选择刚插入的自耦变压器线圈符号为复制对象，向左复制两份，复制距离均为 10mm。

③ 修剪图形。单击"修改"工具栏中的"修剪"按钮 和"删除"按钮 ，修剪掉多余的线段，如图 6-79（b）所示。

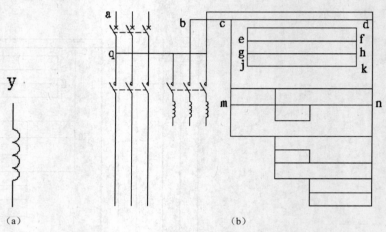

图 6-79 插入自耦变压器线圈

④ 绘制连接线。单击"绘图"工具栏中的"直线"按钮 ，绘制连接线，效果如图 6-80 所示。

本例涉及的图形符号比较多，在此不一一赘述，单击"修改"工具栏中的"移动"按钮 ，将绘制的其他元器件的图形符号插入到结构图中的对应位置，单击"修改"工具栏中的"修剪"按钮 和"删除"按钮 ，删除掉多余的线条。在插入图形符号的时候，根据需要可以单击"修改"工具栏中的"缩放"按钮 ，调整图形符号的大小，以保持整个图形的美观整齐，完成后的效果如图 6-81 所示。

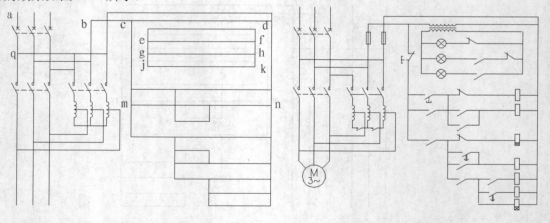

图 6-80 添加连接线　　　　　　　　　　　　图 6-81 完成绘制

5．添加注释

（1）创建文字样式。

单击"样式"工具栏中的"文字样式"按钮，打开"文字样式"对话框，创建一个名为"自耦降压启动控制电路"的文字样式。"字体名"为"宋体"，"字体样式"为"常规"，"高度"为6，宽度因子为0.7，如图6-82所示。

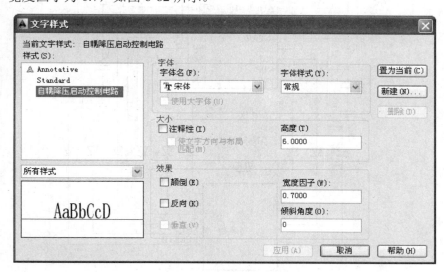

图6-82　"文字样式"对话框参数设置

（2）添加注释文字。

单击"样式"工具栏中的"文字样式"按钮，输入多行文字，然后调整其位置，对齐文字。调整位置的时候，结合使用"正交"命令。

（3）使用文字编辑命令修改文字得到需要的文字。

添加注释文字操作的具体过程不再赘述，至此自耦降压启动控制电路图绘制完毕，效果如图6-36所示。

【知识点详解】

控制电路大致可以包括下面几种类型的电路：自动控制电路、报警控制电路、开关电路、灯光控制电路、定时控制电路、温控电路、保护电路、继电器控制电路、晶闸管控制电路、电机控制电路、电梯控制电路等。下面对其中几种控制电路的典型电路图进行举例。

如图6-83所示的电路图为报警控制电路中的一种典型电路，即汽车多功能报警器电路图。它的功能要求为：当系统检测到汽车出现各种故障时进行语音提示报警。语音：左前轮、右前轮、左后轮、右后轮、胎压过低、胎压过高、请换电池、叮咚；控制方式：并口模式；语音对应地址：（在每个语音组合中加入200ms的静音）00H"叮咚"+左前轮+胎压过高；01H"叮咚"+右前轮+胎压过高；02H"叮咚"+左后轮+胎压过高；03H"叮咚"+右后轮+胎压过高；04H"叮咚"+左前轮+胎压过低；05H"叮咚"+右前轮+胎压过低；06H"叮咚"+左后轮+胎压过低；07H"叮咚"+右后轮+胎压过低；08H"叮咚"+左前轮+请换电池；09H"叮咚"+右前轮+请换电池；0AH"叮咚"+左后轮+请换电池；0BH"叮咚"+右后轮+请换电池。

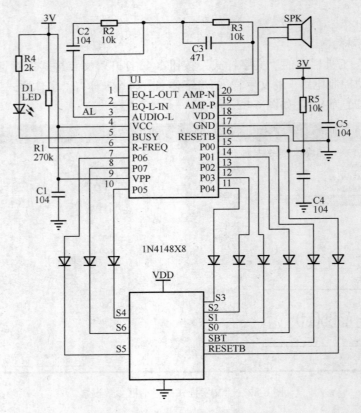

图 6-83　汽车多功能报警器电路图

如图 6-84 所示的电路是温控电路中的一种典型电路。该电路是由双 D 触发器 CD4013 中的一个 D 触发器组成，电路结构简单，具有上、下限温度控制功能。控制温度可通过电位器预置，当超过预置温度后，自动断电。它可用于电热加工的工业设备，电路组成如图 6-84 所示。电路中将 D 触发器连接成一个 RS 触发器，以工业控制用的热敏电阻 MF51 做温度传感器。

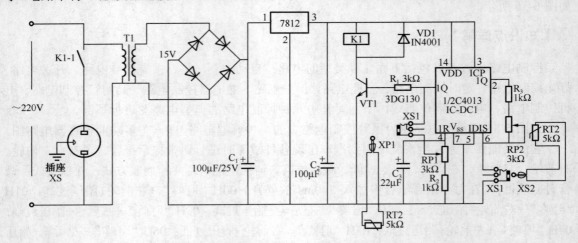

图 6-84　高低温双限控制器（CD4013）电路图

如图 6-85 所示的电路图是继电器电路中的一种典型电路。图（a）中，集电极为负，发射极为正，对于 PNP 型管而言，这种极性的电源是正常的工作电压；图（b）中，集电极为正，发射极为负，对于 NPN 型管而言，这种极性的电源是正常的工作电压。

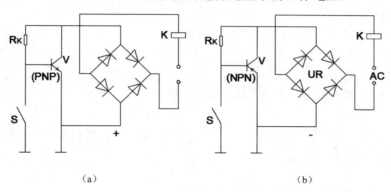

图 6-85　交流电子继电器电路图

上机实验 6

实验 1　绘制如图 6-86 所示的发动机点火装置电路图。

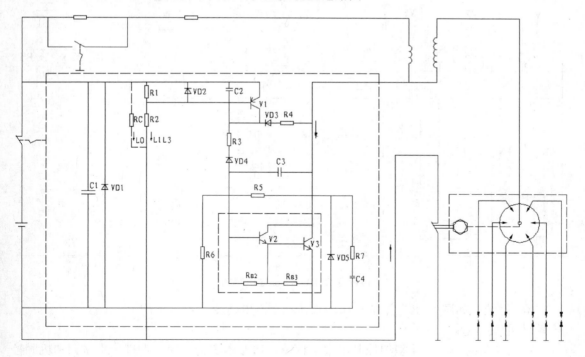

图 6-86　发动机点火装置电路图

◆ 目的要求

本实验绘制的是一个典型机械电气工程图，通过本实验，使读者进一步掌握和巩固机械电气工程图绘制的基本思路和方法。

◆ 操作提示

（1）绘制回路总干线。

（2）绘制各个模块。

（3）添加文字注释。

实验 2　绘制如图 6-87 所示的 KE-Jetronic 电路图。

◆ 目的要求

本实验绘制的是一个典型机械电气工程图，通过本实验，使读者进一步掌握和巩固机械电气工程图绘制的基本思路和方法。

◆ 操作提示

（1）绘制图样结构图。

（2）绘制各主要电气元件。

（3）组合图形。

（4）为线路图添加文字注释。

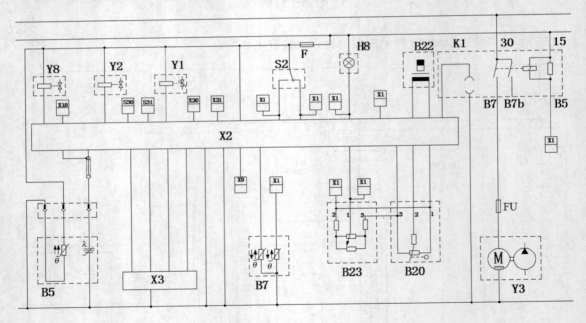

图 6-87　KE-Jetronic 电路图

实验 3　绘制如图 6-88 所示的车床主轴传动控制电路图。

◆ 目的要求

本实验绘制的是一个典型的控制电气工程图，通过本实验，使读者进一步掌握和巩固控制电气工程图绘制的基本思路和方法。

◆ 操作提示

（1）绘制各个元器件图形符号。

（2）按照线路的分布情况绘制结构图。

（3）将各个元器件插入到结构图中。

（4）添加注释文字；完成绘图。

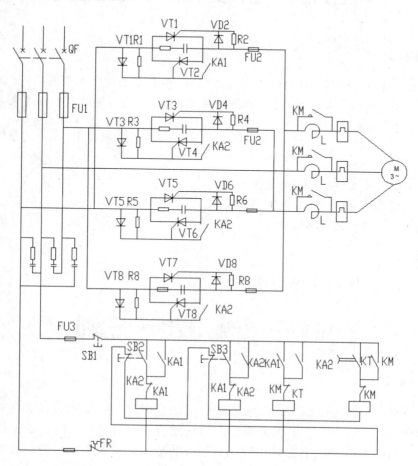

图 6-88 C650 车床主轴传动无触点正反转控制电路

项目七　绘制通信电气工程图

■【学习情境】

通信电气工程图是一类比较特殊的电气工程图，和传统的电气工程图不同，通信工程图是最近发展起来的一类电气工程图，主要应用于通信领域。本项目通过几个任务来帮助读者掌握通信电气工程图的绘制方法。

■【能力目标】

➤ 掌握通信电气工程图的具体绘制方法
➤ 灵活应用各种 AutoCAD 命令
➤ 提高电气绘图的速度和效率

■【课时安排】

16 课时（讲课 6 课时，练习 10 课时）

任务一　绘制天线馈线系统图

■【任务背景】

通信是信息的传递与交流。通信系统是传递信息所需要的技术设备和传输媒介，通信系统原理如图 7-1 所示。通信工程主要分为移动通信和固定通信，但无论是移动通信还是固定通信，它们在通信原理上都是相同的。通信的核心是交换机，在通信过程中，数据通过传输设备传输到交换机上，然后在交换机上进行交换，选择目的地，这就是通信的基本过程。

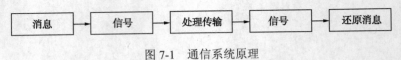

图 7-1　通信系统原理

本任务绘制如图 7-2 所示的天线馈线系统图。本图由（a）、（b）两部分组成，（a）部分为同轴电缆天线馈线系统，（b）部分为圆波导天线馈线系统。按照顺序，依次绘制（a）、（b）两图，和前面的一些电气工程图不同，本图没有导线，所以可以严格按照电缆的顺序来绘制。

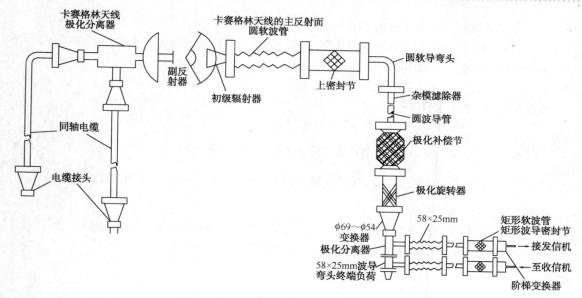

图 7-2　天线馈线系统图

【操作步骤】

1. 设置绘图环境

（1）打开 AutoCAD 2014 应用程序，在命令行输入 NEW 命令或单击菜单栏中"文件"→"新建"命令，打开"选择样板"对话框，选择需要的样板图。

（2）在"创建新图形"对话框中选择已经绘制好的样板图后，单击"打开"按钮，返回绘图区域。同时选择的样板图也会出现在绘图区域中，其中样板图左下端点坐标为（0,0）。本例选用 A3 样板图。

（3）单击"图层"工具栏中的"图层特性管理器"按钮，打开"图层特性管理器"对话框，设置"实体符号层"和"中心线层"两个图层，各图层的颜色、线型和线宽如图 7-3 所示。将"中心线层"设置为当前图层，如图 7-3 所示。

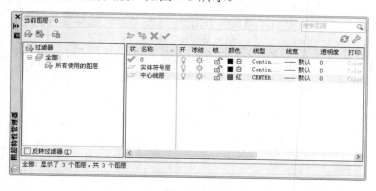

图 7-3　设置图层

2.（a）图的绘制

（1）绘制同轴电缆弯曲部分。

① 单击"绘图"工具栏中的"直线"按钮，在"正交"模式下，分别绘制水平直线 1

和竖直直线 2，长度分别为 40mm 和 50mm，如图 7-4（a）所示。

② 单击"修改"工具栏中的"倒角"按钮，对两直线相交的角点倒圆角，圆角的半径为 12mm，命令行提示与操作如下：

```
命令：_fillet
当前设置：模式 = 修剪，半径 = 12.0000↙
选择第一个对象或 [放弃（U）/多段线（P）/半径（R）/修剪（T）/多个（M）]：R↙
指定圆角半径 <12.0000>：12↙
选择第一个对象或 [放弃（U）/多段线（P）/半径（R）/修剪（T）/多个（M）]：//用鼠标拾取直线 1
选择第二个对象，或按住 Shift 键选择对象以应用角点或 [半径（R）]：//用鼠标拾取直线 2
```

结果如图 7-4（b）所示。

③ 单击"修改"工具栏中的"偏移"按钮，将圆弧向外偏移 12mm。然后，将直线 1 和直线 2 分别向左和向上偏移 12mm，偏移结果如图 7-4（c）所示。

注意

在步骤③中，偏移方向只能向外，如果偏移方向是向圆弧圆心方向，将得不到需要的结果，读者可以实际操作一下，思考为什么会这样。

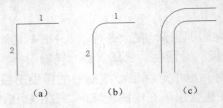

（a）　　　（b）　　　（c）

图 7-4　绘制同轴电缆弯曲部分

（2）绘制副反射器。

① 单击"绘图"工具栏中的"圆弧"按钮，以（150，150）为圆心，绘制一条半径为 60mm 的半圆弧，如图 7-5（a）所示。

② 单击"绘图"工具栏中的"直线"按钮，在"对象捕捉"模式下，用鼠标分别捕捉半圆弧的两个端点绘制竖直直线 1，如图 7-5（b）所示。

③ 单击"修改"工具栏中的"偏移"按钮，以直线 1 为起始，向左绘制直线 2，偏移量为 30mm，如图 7-5（c）所示。

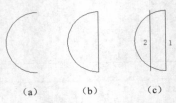

（a）　　　（b）　　　（c）

图 7-5　绘制半圆弧和直线

④ 单击"绘图"工具栏中的"直线"按钮，在"对象捕捉"和"正交"模式下，用鼠标捕捉圆弧圆心，以其为起点，向左绘制一条长度为 60mm 的水平直线 3，终点落在圆弧上，

如图 7-6（a）所示。

　　⑤ 单击"修改"工具栏中的"偏移 "按钮 ⬚，将直线 3 分别向上和向下偏移 7.5mm，得到直线 4 和 5，如图 7-6（b）所示。

　　⑥ 单击"修改"工具栏中的"删除"按钮 ✐，删除直线 3，如图 7-6（c）所示。

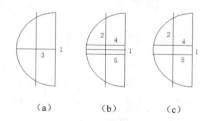

图 7-6　添加直线

　　⑦ 单击"修改"工具栏中的"删除"按钮 ✐ 和"修剪"按钮 ⟋，得到如图 7-7 所示的图形，即绘制完成的副反射器的图形符号。

　　（3）绘制极化分离器。

　　① 单击"绘图"工具栏中的"矩形"按钮 ▭，绘制一个长为 75mm，宽为 45mm 的矩形。命令行提示与操作如下：

```
命令：_rectang
指定第一个角点或 [倒角（C）/标高（E）/圆角（F）/厚度（T）/宽度（W）]        //在绘图区域空白处单击
指定另一个角点或 [面积（A）/尺寸（D）/旋转（R）]：D
指定矩形的长度 <0.0000>:75✓
指定矩形的宽度 <0.0000>:45✓
指定另一个角点或 [面积（A）/尺寸（D）/旋转（R）]：        //在绘图区域空白处合适位置单击
```

绘制得到的矩形如图 7-8（a）所示。

　　② 单击"绘图"工具栏中的"分解"按钮 ⬚，将绘制的矩形分解为直线 1、2、3、4。

　　③ 单击"修改"工具栏中的"偏移"按钮 ⬚，以直线 1 为起始，分别向下绘制直线 5 和 6，偏移量分别为 15mm 和 15mm；以直线 3 为起始，分别向右绘制直线 7 和 8，偏移量分别为 30mm 和 15mm，偏移结果如图 7-8（b）所示。

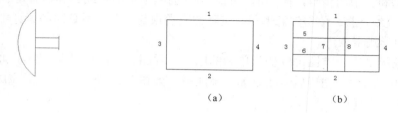

图 7-7　副反射器　　　　　　　　图 7-8　绘制矩形

　　④ 单击"修改"工具栏中的"拉长"按钮 ⤢，将直线 5 和 6 分别向两端拉长 15mm，将直线 7 和 8 分别向下拉长 15mm，拉长的结果如图 7-9（a）所示。

　　⑤ 单击"修改"工具栏中的"删除"按钮 ✐ 和"修剪"按钮 ⟋，对图形进行修剪操作，并删除多余的直线段，得到如图 7-9（b）所示的结果，即绘制完成的极化分离器的图形符号。

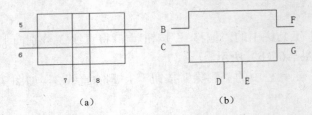

图 7-9　拉长直线和极化分离器

（4）连接为天线馈线系统。

将绘制好的各部件连接起来，并添加注释，得到如图 7-13 所示结果。连接过程中，需要调用平移命令，并使用"对象追踪"等功能，下面介绍连接方法。

① 由于与极化分离器相连的电器元件最多，所以将其作为整个连接操作的中心。首先，单击"绘图"工具栏中的"插入块"按钮，打开如图 7-10 所示的"插入"对话框。勾选"在屏幕上指定"和"统一比例"复选框，在"X"文本框中输入 1.5 作为缩放比例，设置"旋转"角度为 90°。

将"电缆接线头"块插入到图形中，并使用"对象捕捉"功能捕捉如图 7-9（b）所示图中的 C 点，使得如图 7-11 所示图中的 A 点刚好与之重合，结果如图 7-11 所示。

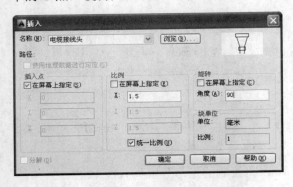

图 7-10　"插入"对话框

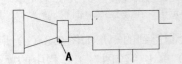

图 7-11　连接"电缆接线头"与"极化分离器"

② 采用类似的方法插入另一个电缆接线头，并移入副反射器符号，结果如图 7-12 所示。

③ 重复①和②中的步骤，向图形中插入另外的两个电缆接线头和弯管连接部分。这些电器元件之间用直线连接。值得注意的是，实际的电缆很长，在此不必绘制其真正的长度，用如图 7-13 所示的形式来表示。

④ 添加注释文字。本图可以作为单独的电气工程图，因此可以在此步添加文字注释，当然也可以在（b）图绘制完毕后一起添加文字注释。如图 7-13 所示即为最后完成的（a）图。

3．（b）图的绘制

（1）天线反射面的绘制。

① 单击"绘图"工具栏中的"圆弧"按钮，绘制两个同心半圆弧，两圆弧半径分别为 60mm 和 20mm，如图 7-14（a）所示。

② 单击"绘图"工具栏中的"直线"按钮，在"对象捕捉"和"极轴"模式下，用鼠标捕捉圆心点，以其为起点，分别绘制 5 条沿半径方向的直线段，这些直线段分别与竖直方向成 15°、30°、90° 角，长度均为 60mm，如图 7-14（b）所示。

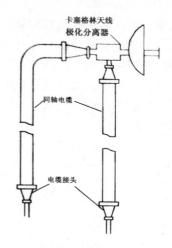

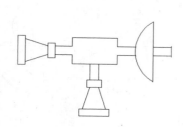

图 7-12 添加电气元件

图 7-13 天线馈线系统（a）图

③ 单击"修改"工具栏中的"修剪"按钮 和"删除"按钮 ，对整个图形进行修剪，并删除多余的直线或者圆弧，得到如图 7-14（c）所示的结果，即绘制完成的天线反射面的图形符号。

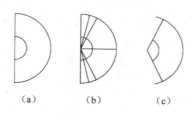

　（a）　　　（b）　　　（c）

图 7-14 绘制天线反射面

（2）绘制密封节。

① 单击"绘图"工具栏中的"矩形"按钮 □，绘制一个长和宽均为 60mm 的矩形，如图 7-15（a）所示。

② 单击"绘图"工具栏中的"分解"按钮 ，将绘制的矩形分解为 4 段直线。

③ 单击"修改"工具栏中的"偏移"按钮 ，以直线 1 为起始，向下绘制两条水平直线，偏移量均为 20mm；以直线 3 为起始，向右绘制两条竖直直线，偏移量均为 20mm，如图 7-15（b）所示。

④ 单击"修改"工具栏中的"旋转"按钮 ○，将如图 7-15（b）所示的图形旋转 45°，命令行提示与操作如下：

```
命令：_rotate
UCS 当前的正角方向：ANGDIR=逆时针 ANGBASE=0
选择对象：指定对角点：找到 8 个    //用鼠标框选如图 7-15（b）所示的图形
选择对象：↙
指定基点：                        //在图形内任意点单击
指定旋转角度，或 [复制（C）/参照（R）] <270>：45↙
```

旋转结果如图 7-15（c）所示。

⑤ 单击"绘图"工具栏中的"直线"按钮 ，在"对象捕捉"模式下，用鼠标捕捉 A 点，

以其为起点，分别向左和向右绘制长度均为 100mm 的水平直线 5 和 6；用鼠标捕捉 B 点，以其为起点，分别向左和向右绘制长度均为 100mm 的水平直线 7 和 8，结果如图 7-16（a）所示。

⑥ 单击"绘图"工具栏中的"直线"按钮，在"对象捕捉"模式下，用鼠标分别捕捉直线 5 和 7 的左端点，绘制竖直直线 9，如图 7-16（b）所示。

⑦ 选择菜单栏中的"修改"→"拉长"命令，将直线 9 分别向上和向下拉长 35mm，如图 7-17（a）所示。

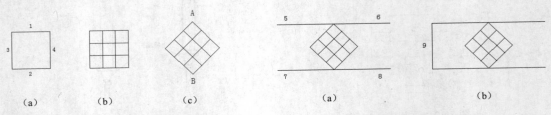

图 7-15　绘制并旋转矩形　　　　　　　　　　　图 7-16　添加直线

⑧ 单击"修改"工具栏中的"偏移"按钮，以直线 9 为起始，向左绘制竖直直线 10，偏移量为 35mm，如图 7-17（b）所示。

⑨ 单击"绘图"工具栏中的"直线"按钮，在"对象捕捉"模式下，用鼠标分别捕捉直线 9 和 10 的上端点，绘制一条水平直线；用鼠标分别捕捉直线 9 和 10 的下端点，绘制另一条水平直线。结果如图 7-18（a）所示。

⑩ 用相同的方法在直线 6 和 8 的右端绘制另外一个矩形，结果如图 7-18（b）所示，即绘制完成的密封节的图形符号。

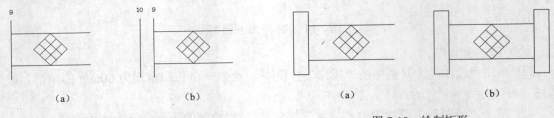

图 7-17　拉长、偏移直线　　　　　　　　　　　图 7-18　绘制矩形

（3）绘制极化补偿节。

① 单击"绘图"工具栏中的"矩形"按钮，绘制一个长为 120mm，宽为 30mm 的矩形，如图 7-19（a）所示。

② 单击"绘图"工具栏中的"直线"按钮，在"对象捕捉"和"极轴"模式下，用鼠标捕捉 A 点，并以其为起点，绘制一条与水平方向成-45°角，长度为 20mm 的直线 1，如图 7-19（b）所示。

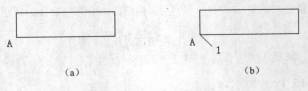

图 7-19　绘制矩形和直线

③ 单击"修改"工具栏中的"移动"按钮✥，将直线 1 向右平移 20mm，如图 7-20（a）所示。

④ 用同样的方法绘制直线 2，如图 7-20（b）所示。

（a）　　　　　　　　　　　（b）

图 7-20　添加斜线

⑤ 单击"绘图"工具栏中的"直线"按钮✐，在"对象捕捉"和"极轴"模式下，用鼠标捕捉直线 1 的下端点，并以其为起点，绘制一条与水平方向成-135°角，长度为 40mm 的直线；用同样的方法，以直线 2 的下端点为起点，绘制一条与水平方向成-45°角，长度为 40mm 的直线，结果如图 7-21（a）所示。

⑥ 单击"绘图"工具栏中的"直线"按钮✐，关闭"极轴"模式，激活"正交"功能，用鼠标捕捉 E 点，以其为起点，向下绘制长度为 40mm 的竖直直线；用鼠标捕捉 F 点，以其为起点，向下绘制长度为 40mm 的竖直直线，结果如图 7-21（b）所示。

⑦ 单击"修改"工具栏中的"镜像"按钮⚒，对图形做镜像操作，镜像过程中命令行提示与操作如下：

```
命令：_mirror
选择对象：指定对角点：找到 8 个        //用鼠标框选整个图形
选择对象：↙
指定镜像线的第一点：                  //用鼠标捕捉 M 点
指定镜像线的第二点：                  //用鼠标捕捉 N 点
要删除源对象吗？[是（Y）/否（N）] <N>:↙
```

镜像结果如图 7-22 所示。

⑧ 单击"绘图"工具栏中的"图案填充"按钮▨，或者选择"绘图"菜单中的"图案填充"命令，或在命令行中输入 BHATCH 命令后按【Enter】键，打开"图案填充和渐变色"对话框。单击"图案"选项右侧的▭按钮，打开"填充图案选项板"对话框，在"ANSI"选项卡中选择"ANSI37"图案，单击"确定"按钮，返回"图案填充和渐变色"对话框，将"角度"设置为 0，"比例"设置为 5，其他为默认值。单击"选择对象"按钮，暂时回到绘图区域中进行选择。用鼠标选择填充对象，如图 7-23 所示。按【Enter】键，再次返回"图案填充和渐变色"对话框，单击"确定"按钮，完成填充，填充结果如图 7-24 所示。

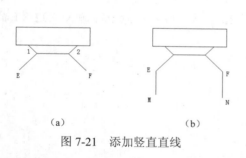

（a）　　　　　　　　　　　（b）

图 7-21　添加竖直直线

图 7-22　镜像结果

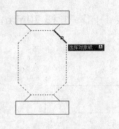

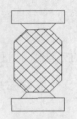

图 7-23　选择填充对象　　　　　　　　　　　　图 7-24　填充结果

（4）连接为圆波导天线馈线系统。

将上面绘制的各电气元件连接起来，具体操作参考（a）图的连接方法。

（5）添加文字和注释。

① 选择菜单栏中"格式"→"文字样式"命令或者在命令行输入 STYLE 命令，打开如图 7-25 所示的"文字样式"对话框。

② 在"文字样式"对话框中单击"新建"按钮，输入"样式名"为"工程字"，并单击"确定"按钮。在"文字样式"对话框中设置"字体名"为"仿宋_GB2312"，"高度"为 15，"宽度"为 0.7，"倾斜角度"为 0。在预览区观察文字外观效果，如果合适，单击"应用"和"关闭"按钮退出。

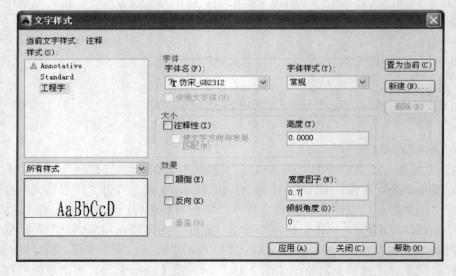

图 7-25　"文字样式"对话框

③ 单击"绘图"工具栏中的"多行文字"按钮 **A**，或者在命令行输入 MTEXT 命令，在如图 7-26 所示的相应位置添加文字。

最终结果如图 7-2 所示。

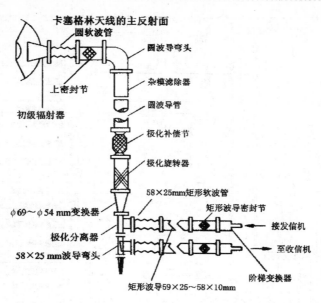

图 7-26　天线馈线系统（b）图

 注意

　　如果文字的位置不理想，可以选定文字后，将文字移动到合适的位置。移动文字的方法比较多，下面推荐一种方便的方法。

　　首先选定需要移动的文字，单击菜单栏中"修改"→"移动"命令，命令行提示：
指定基点或 [位移（D）] <位移>：

　　在被移动文字的附近单击，此时，会发现被选定的文字会随着鼠标移动实时显示出来，把鼠标移动到合适的位置，再次单击，此时选定的文字便移动到了合适的位置。

任务二　绘制综合布线系统图

■【任务描述】

　　综合布线图指的是为楼宇进行网络和电话布线。由于现代建筑业和通信产业高度发展，这种综合布线图是工程设计中必不可少的工程图之一。本任务通过某低层建筑综合布线图的绘制帮助读者掌握此类电气工程图的基本绘制方法和思路。

　　本任务绘制某大楼综合布线图，如图 7-27 所示。绘制思路如下：首先绘制本楼电话配线间主配线架，其次绘制内外网机房，然后绘制其中一层的配线结构图然后复制出其他层的配线结构图，最后调整各部分之间的相互位置，并用直线将它们连接起来。

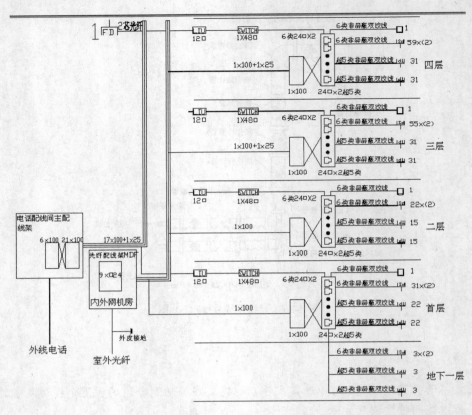

图 7-27　综合布线图

■ 【操作步骤】

1. 设置绘图环境

（1）建立新文件。打开 AutoCAD 2014 应用程序，以"A4.dwt"样板文件为模板，新建文件，将新文件命名为"综合布线系统图.dwg"并保存。

（2）设置绘图工具栏。调出"标准""图层""绘图""缩放""修改"和"标注"6 个工具栏，并将它们移动到绘图窗口中的合适位置。

（3）设置图层。单击"图层"工具栏中的"图层特性管理器"按钮 ，打开"图层特性管理器"对话框，新建"母线层"和"电气线层"图层，并将"电气线层"设置为当前图层。设置完成的各图层的属性如图 7-28 所示。

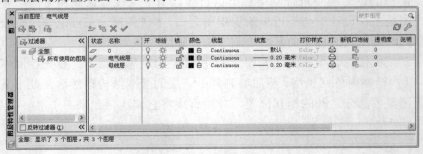

图 7-28　图层属性设置

2．绘制电话配线间主配线架

（1）单击"绘图"工具栏中的"矩形"按钮 □，绘制 3 个矩形，大矩形的尺寸为 500mm×500mm，小矩形的尺寸为 200mm×100mm，绘制结果如图 7-29（a）所示。

（2）单击"绘图"工具栏中的"直线"按钮 ╱，绘制两条交叉直线，如图 7-29（b）所示。单击"绘图"工具栏中的"多行文字"按钮 **A**，在矩形内添加文字"电话配线间主配线架"，字体高度为 40mm，添加文字"6×100，21×100"，字体高度为 30mm，绘制结果如图 7-29（b）所示。

3．绘制内外网机房

内外网机房的绘制与电话配线间主配线架的绘制方法类似，单击"绘图"工具栏中的"矩形"按钮 □，先绘制两个矩形，大矩形的尺寸为 350mm×400mm，小矩形的尺寸为 150mm×200mm，然后调用"多行字体"命令 **A**，添加文字"光纤配线架 MDF""9×24 口"和"内外网机房"，大字体的高度为 40mm，小字体的高度为 30mm，结果如图 7-30 所示。

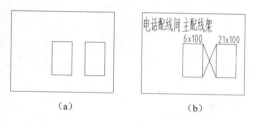

（a）	（b）

图 7-29　电话配线间主配线架图

图 7-30　内外网机房图

4．绘制配线结构图

首先绘制各部件的示意图，然后将它们摆放到合适的位置，最后用直线将它们连接起来。

（1）绘制数据信息出线座。单击"绘图"工具栏中的"直线"按钮 ╱，绘制 4 条直线，直线的长度为 20mm、40mm、20mm、20mm，单击"绘图"工具栏中的"多行文字"按钮 **A**，添加文字"PS"，字体高度为 15mm，结果如图 7-31（a）所示。将数据信息出线座绘制为块，选择"工具"中的"块编辑器"，将块命名为"PCG1"，单击"确定"按钮进入块编辑器中，在编辑器中编辑块。绘制完成后，关闭块编辑器。

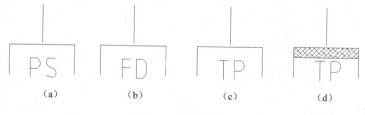

图 7-31　出线座图

（2）绘制光纤信息出线座。光纤信息出线座的绘制是在数据信息出线座的基础上绘制的，因为数据信息出线座是在块中进行绘制的，所以首先要将块打散，单击"修改"工具栏中的"分解"按钮 。选中块，将块打散，选择菜单栏中的"修改"→"对象"→"文字"→"编辑"命令，将"PS"修改为"FD"，如图 7-31（b）所示。

（3）绘制外线电话出线座。外线电话出线座是在光纤信息出线座的基础上绘制的，选择菜单栏中的"修改"→"对象"→"文字"→"编辑"命令，将"FD"修改为"TP"，结果如

图 7-31（c）所示。

（4）绘制内线电话出线座。内线电话出线座是在外线电话出线座的基础上进行绘制的，单击"修改"工具栏中的"偏移"按钮，将水平线向下方偏移 5mm，单击"绘图"工具栏中的"图案填充"按钮，填充图案选择"ANSI38"，填充后的结果如图 7-31（d）所示。

（5）绘制预留接口图。单击"绘图"工具栏中的"矩形"按钮，绘制两个矩形，矩形的尺寸为 500mm×500mm 和 500mm×450mm，结果如图 7-32（a）所示。绘制两条竖直直线，直线长为 400mm，这两条直线到矩形两边的距离为 80mm。单击"绘图"工具栏中的"圆"按钮，绘制两个小圆，两个小圆的直径为 10mm，两个小圆的位置尺寸如图 7-32（b）所示。单击"修改"工具栏中的"圆角"按钮，倒圆角，选择倒圆角的半径为 100mm，倒圆角后结果如图 7-32（c）所示。

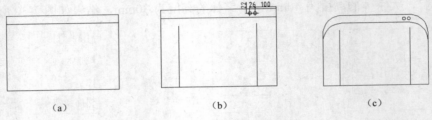

（a）　　　　　　　　　　（b）　　　　　　　　　　（c）

图 7-32　预留接口图

（6）绘制楼层接线盒。单击"绘图"工具栏中的"矩形"按钮，绘制两个矩形，大矩形的尺寸为 200mm×800mm，小矩形的尺寸为 220mm×440mm，单击"绘图"工具栏中的"直线"按钮，绘制两条斜线，连接矩形的两个端点，结果如图 7-33（a）所示。重复"直线"命令，绘制如图 7-33（b）所示的图形 1，图形 1 的外形和位置尺寸如图 7-33（b）所示。单击"修改"工具栏中的"复制"按钮，将图形 1 复制两个，两个图形间的距离为 120mm，单击"绘图"工具栏中的"圆"按钮，绘制一个圆，圆的直径和位置尺寸如图 7-33（c）所示。

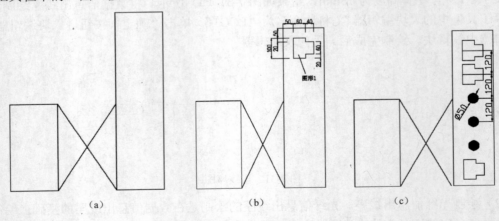

（a）　　　　　　　　　　（b）　　　　　　　　　　（c）

图 7-33　楼层接线盒图

（7）绘制光电转换器和交换机示意图。单击"绘图"工具栏中的"矩形"按钮，绘制两个矩形，矩形的尺寸为 100mm×200mm 和 100mm×300mm，然后单击"绘图"工具栏中的"多行文字"按钮，在矩形内加入字体"LIU"和"SWITCH"，字体高度为 70mm，"LIU"表示光电转换器，"SWITCH"表示交换机，结果如图 7-34 所示。

图 7-34　光电转换器和交换机示意图

5. 组合图形

（1）将"母线层"图层设置为当前图层，单击"修改"工具栏中的"旋转"按钮 ⟲，以数据信息出线座、外线电话出线座和内线电话出线座的中心为基点，将其旋转 180°，单击"绘图"工具栏中的"多段线"按钮 ⟲，将以上各部分连接起来，连接完成后在图中加上注释，绘制结果如图 7-35 所示。

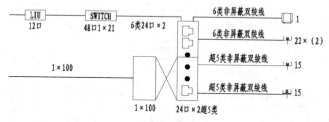

图 7-35　楼层接线图

（2）将以上几部分摆放到合适的位置，其中因为地下一层没有接线盒，所以将数据信息出线座、外线电话出线座以及内线电话出线座 3 部分直接连接到首层的接线盒上，摆放的位置如图 7-36 所示。

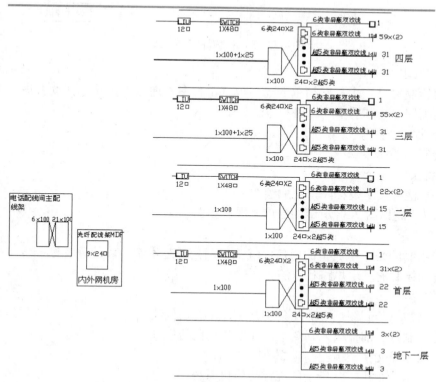

图 7-36　部件布置图

187

（3）单击"绘图"工具栏中的"多段线"按钮，将以上几部分连接起来，并在图中将接地符号、避雷器和光纤信息出线座等摆放到合适的位置，结果如图 7-27 所示。

上机实验 7

实验 1　绘制如图 7-37 所示的数字交换机系统结构图。

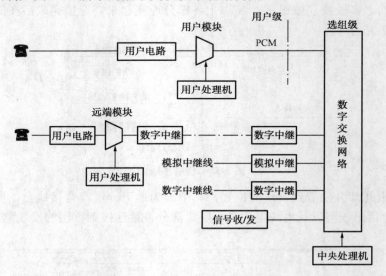

图 7-37　数字交换机系统结构图

◆ 目的要求

本实验绘制的是一个相对简单的通信电气工程图，通过本实验，使读者进一步掌握和巩固通信电气工程图绘制的基本思路和方法。

◆ 操作提示

（1）绘制主干线。

（2）绘制细节单元。

（3）添加注释文字及标注，完成绘图。

实验 2　绘制如图 7-38 所示的通信光缆施工图。

◆ 目的要求

本实验绘制的是一个典型的通信电气工程图，通过本实验，使读者进一步掌握和巩固通信电气工程图绘制的基本思路和方法。

◆ 操作提示

（1）根据需要绘制图形中的几条公路线，作为定位线。

（2）将绘制好的部件填入到图中，并调整它们的位置。

（3）添加注释文字及标注，完成绘图。

实验 3　绘制如图 7-39 所示的程控交换机系统图。

◆ 目的要求

本实验绘制的是一个典型的通信电气工程图，通过本实验，使读者进一步掌握和巩固通信电气工程图绘制的基本思路和方法。

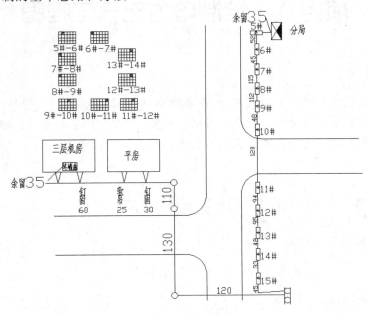

图 7-38　通信光缆施工图

◆ 操作提示

（1）绘制各模块，并保存为图块。

（2）绘制主干线，插入各模块。

（3）添加注释文字及标注，完成绘图。

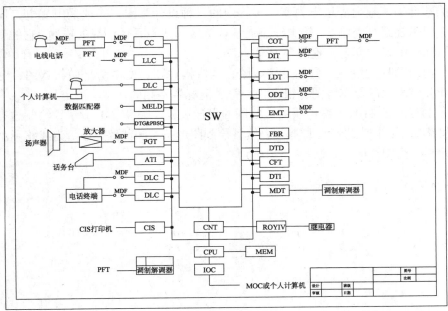

图 7-39　程控交换机系统图

项目八 绘制电力电气工程图

■【学习情境】

电力电气是电气工程的重要组成部分。由各种电压等级的电力线路,将各种类型的发电厂、变电站和电力用户联系起来的一个发电、输电、变电、配电和用电的整体,称为电力系统。本项目通过几个任务来具体帮助读者掌握电力电气工程图的绘制方法。

■【能力目标】

➢ 掌握电力电气工程图的具体绘制方法
➢ 灵活应用各种 AutoCAD 命令
➢ 提高电气绘图的速度和效率

■【课时安排】

16 课时（讲课 6 课时，练习 10 课时）

任务一 绘制 110kV 变电所主接线图

■【任务背景】

为了能够准确清晰地表达电力变电工程中的各种设计意图，必须采用变电工程图。简单地说变电工程图就是对变电站、输电线路的各种接线形式和具体情况的描述。它的意义在于用统一直观的标准来表达变电工程的各方面。

变电工程图的种类很多，包括主接线图、二次接线图、变电所平面布置图、变电所断面图、高压开关柜原理图及布置图等很多种，每种情况各不相同。

本任务主要讲述 110kV 变电所主接线图的设计过程，如图 8-1 所示。绘制这类电气工程图的大致思路如下：首先进行图样布局，然后绘制图形符号和线路，最后为线路图添加文字说明便于阅读和交流图样。

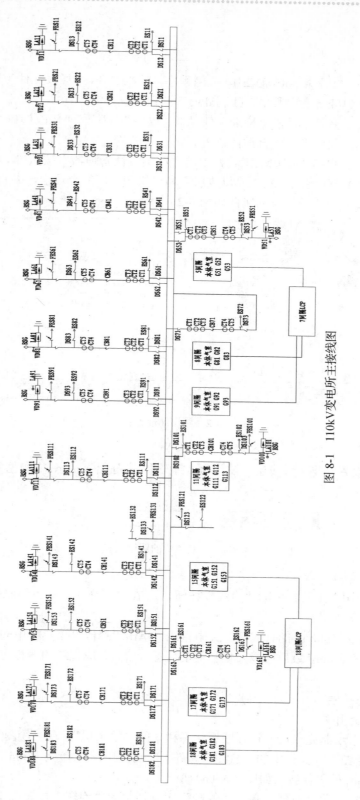

图 8-1 110kV变电所主接线图

■【操作步骤】

1. 设置绘图环境

（1）新建文件。打开 AutoCAD 2014 应用程序，以 "A4.dwt" 样板文件为模板，新建文件，将新文件命名为 "110kV 变电所主接线图.dwg" 并保存。

（2）设置绘图工具栏。调出 "标准" "图层" "绘图" "缩放" "修改" 和 "标注" 6 个工具栏，并将它们移动到绘图窗口中合适的位置。

（3）设置图层。单击 "图层" 工具栏中的 "图层特性管理器" 按钮 🔳，打开 "图层特性管理器" 对话框，新建 "图框线层" "母线层" 和 "绘图层" 3 个图层，并将 "母线层" 设置为当前图层。设置完成的各图层的属性如图 8-2 所示。

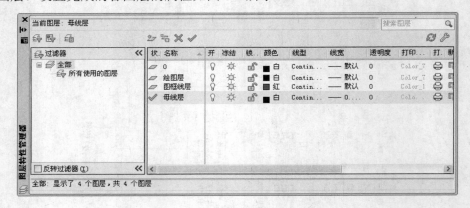

图 8-2　图层属性设置

2. 图样布局

（1）母线层设置。将 "母线层" 设置为 "打开" "未冻结" 状态，"颜色" 为黑色，"线宽" 为 0.2mm。

图 8-3　工具栏中的图层状态

（2）绘制母线。

① 单击 "绘图" 工具栏中的 "直线" 按钮 ✏，在 "正交" 模式下绘制长度为 350mm 的直线。

② 绘制长度为 350mm 的直线后，选中直线，单击 "修改" 工具栏中的 "偏移" 按钮 🔳，然后输入偏移距离 3mm，最后选择要偏移侧的任意一点，完成直线的偏移操作，最后按【Esc】键结束操作。

3. 绘制图形符号

（1）绘制隔离开关。

在 "母线层" 绘制完成后，选择图层状态栏中的 "绘图层"，在 "绘图层" 内进行绘制。

① 单击 "绘图" 工具栏中的 "直线" 按钮 ✏，绘制一条长度为 8mm 的竖线，并在它左侧画一条长 1.5mm 的平行线，如图 8-4（a）所示。

② 选择 1.5mm 的平行线，单击 "修改" 工具栏中的 "旋转" 按钮 ↻，以平行线的上端

点为基点，输入旋转角度为-30°旋转直线，结果如图8-4（b）所示。

③ 选中旋转后的斜线，单击"修改"工具栏中的"移动"按钮 ✛，以斜线的上端点为基点，将斜线的上端点移动到8mm的直线上，如图8-4（c）所示。

④ 单击"绘图"工具栏中的"直线"按钮 ✎，以斜线的下端点为顶点绘制一条水平线，如图8-4（d）所示。

⑤ 右击状态栏的"对象捕捉"按钮，在弹出的快捷菜单中选择"设置"命令，打开"草图设置"对话框，勾选"中点"复选框，如图8-5所示，单击"修改"工具栏中的"移动"按钮 ✛，将垂直于8mm直线的直线中点平移到8mm直线上，如图8-4（e）所示。

⑥ 单击"修改"工具栏中的"修剪"按钮 ✂，将多余的线段删除，结果如图8-4（f）所示。

⑦ 将如图8-4（f）所示图形全部选中，单击"修改"工具栏中的"复制"按钮 ⊙，复制出如图8-4（g）所示的一部分，并在两条母线间绘制直线，得到如图8-4（g）所示图形。

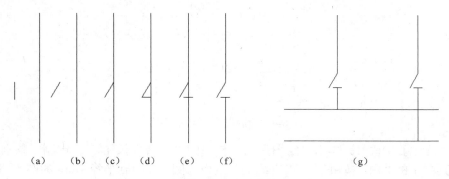

（a）　（b）　（c）　（d）　（e）　（f）　　　（g）

图8-4　隔离开关的绘制过程

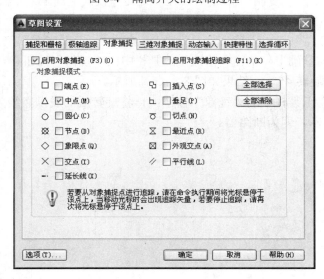

图8-5　对象捕捉对话框的设置

（2）绘制接地刀闸。

① 选中如图8-6所示的隔离开关图（a），单击"修改"工具栏中的"旋转"按钮 ↻，选择隔离开关的下端点为基点，输入旋转角度为-90°，确定后得到如图8-6（b）所示图形。

② 绘制一条长 1mm 的竖直直线 1，如图 8-6（c）所示，单击"修改"工具栏中的"偏移"按钮 ，选择偏移距离为 0.3mm，向右偏移直线 1，得到直线 2，用同样的方法得到直线 3。

③ 单击"绘图"工具栏中的"直线"按钮 ，在"正交"模式下，可以绘制任意角度的直线，选择合适的角度，绘制一条斜线，如图 8-6（c）所示。

④ 选择要镜像的斜线，单击"修改"工具栏中的"镜像"按钮 ，然后选择中心线上的两点确定对称轴，确定后可得到如图 8-6（d）所示图形。

⑤ 单击"修改"工具栏中的"修剪"按钮 ，将图中多余线段删除，结果如图 8-6（e）所示。

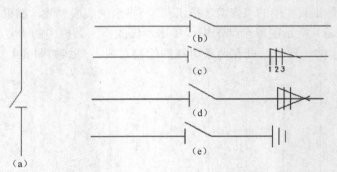

图 8-6　绘制接地刀闸过程图

（3）绘制电流互感器。单击"绘图"工具栏中的"直线"按钮 ，绘制一条垂线，单击"绘图"工具栏中的"圆"按钮 ，以直线上一点作为圆心，绘制半径 1mm 的圆 1。选中圆 1，单击"修改"工具栏中的"复制"按钮 ，在"正交"模式下向上复制圆 1，距离为 3mm，得到圆 2，用相同的方法，得到圆 3，结果如图 8-7 所示。

（4）绘制断路器。

① 在隔离开关的基础上，单击"修改"工具栏中的"镜像"按钮 ，将图中的水平线以其与竖线交点为基点旋转 45°，结果如图 8-8（a）所示。

② 单击"修改"工具栏中的"镜像"按钮 ，将旋转后的线以竖线为轴进行镜像处理，结果如图 8-8（b）所示，即为断路器。

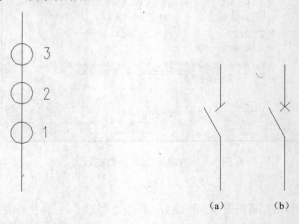

图 8-7　电流互感器　　　　　　　　　图 8-8　断路器

（5）绘制手动接地刀闸。

①　绘制外形轮廓。在接地刀闸的基础上进行绘制，首先做接地刀闸上斜线的垂线，然后在垂线的一侧做一条与垂线成一定角度的斜线，单击"修改"工具栏中的"镜像"按钮▲，得到两条对称的斜线，最后将两条斜线连接起来，组成闭合的三角形，结果如图8-9（a）所示。

②　填充外形轮廓。单击"绘图"工具栏中的"图案填充"按钮▨，选中要填充的图形，选择 SOLID 图案进行填充。绘制完成后的结果如图8-9（b）所示。

（a）   （b）

图 8-9　手动接地刀闸

（6）绘制避雷器符号。

①　单击"绘图"工具栏中的"直线"按钮╱，绘制竖直直线1，长度为12mm。

②　单击"绘图"工具栏中的"直线"按钮╱，在"正交"模式下，以直线1的端点 O 为起点绘制水平直线2，长度为1mm，如图8-10（a）所示。

③　单击"修改"工具栏中的"偏移"按钮▣，以直线2为起始，向上偏移，得到直线3和直线4，偏移量均为1mm，结果如图8-10（b）所示。

④　选择菜单栏中的"修改"→"拉长"命令，分别拉长直线3和4，拉长长度分别为0.5mm和1mm，结果如图8-10（c）所示。

⑤　单击"修改"工具栏中的"镜像"按钮▲，镜像直线2，3和4，镜像线为直线1，效果如图8-10（d）所示。

⑥　单击"绘图"工具栏中的"矩形"按钮▭，绘制一个宽度为2mm，高度为4mm的矩形，并将其移动到合适的位置，效果如图8-10（e）所示。

⑦　在矩形的中心位置加入箭头，绘制箭头时，可以先绘制一个小三角形，然后填充得到，如图8-10（e）所示。

⑧　单击"修改"工具栏中的"修剪"按钮╱，修剪掉多余的直线，如图8-10（f）所示，即为绘制的避雷器符号。

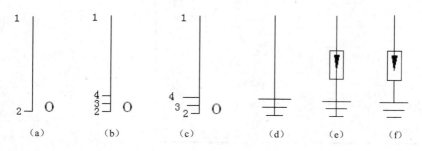

（a）　　　　（b）　　　　（c）　　　　（d）　　　　（e）　　　　（f）

图 8-10　绘制避雷器符号

（7）绘制电压互感器符号。

① 单击"绘图"工具栏中的"圆"按钮 ⊘，绘制直径为 1mm 的圆，过圆心画圆的水平直径，单击"修改"工具栏中"旋转"按钮 ⟳，将水平直径以圆心为基点旋转 45°，如图 8-11（a）所示，重复"旋转"命令，做旋转后的线的垂线，如图 8-11（b）所示。

② 单击"绘图"工具栏中的"直线"按钮 ✎，以圆的右端点为顶点做直线，然后再做直线的垂线，如图 8-11（c）所示。

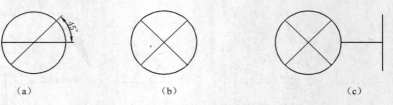

（a）　　　　　　　　　（b）　　　　　　　　　（c）

图 8-11　电压互感器符号

4．组合图形符号

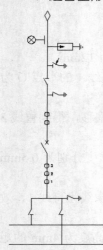

图 8-12　局部接线图

将以上各部分图形符号放置到合适的位置并进行简单的修改，即得到局部接线图，如图 8-12 所示。

5．添加注释文字

（1）创建文字样式。单击"样式"工具栏中的"文字样式"按钮 ，打开"文字样式"对话框，创建名为"标注"的文字样式。设置"字体名"为"仿宋_GB2312"，"字体样式"为"常规"，"高度"为 1.5，宽度因子为 1，如图 8-13 所示。

（2）添加注释文字。单击"绘图"工具栏中的"多行文字"按钮 A，一次输入多行文字，调整其位置，对齐文字。调整位置的时候，结合使用"正交"命令。

（3）选择菜单栏中的"修改"→"对象"→"文字"→"编辑"命令，使用文字编辑命令修改文字得到需要的文字。

（4）绘制文字框线。添加文字后的结果如图 8-14 所示。

（5）单击"修改"工具栏中的"复制"按钮 、"镜像"按钮 和"移动"按钮 ，对图形进行适当的组合即得到我们想要的主体图。

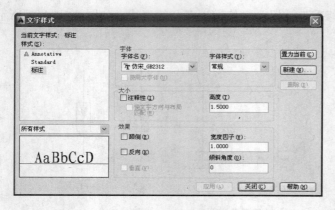

图 8-13　"文字样式"对话框参数设置

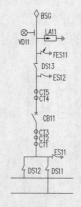

图 8-14　添加注释后的局部部件图

6.绘制间隔室图

间隔室图的绘制相对比较简单,只需要绘制几个矩形,然后用直线或折线将矩形连接起来,最后在矩形的内部添加文字即可,绘制结果如图 8-15 所示。

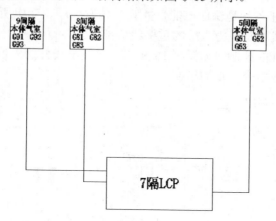

图 8-15　间隔室图

用相同的方法绘制其他两部分间隔室图,然后将这三部分间隔室图插入到主图的适当位置。

至此,一幅完整的 110kV 变电所主接线图的工程图便绘制完毕了。结果如图 8-1 所示。

【知识点详解】

变电所,通常按其在电力系统中的地位和供电范围,分成以下几类。

(1)枢纽变电所。枢纽变电所是电力系统的枢纽点,连接电力系统高压和中压的几个部分,汇集多个电源,电压为 330~500kV 的变电所称为枢纽变电所。全所停电后,将引起系统解列,甚至出现瘫痪。

(2)中间变电所。起系统交换功率的作用,或使长距离输电线路分段,一般汇集 2~3 个电源,电压为 220~330kV,同时又降压供给当地用电。这样的变电所主要起中间环节的作用,所以叫做中间变电所。全所停电后,将引起区域网络解列。

(3)地区变电所。高压侧电压一般为 110~220kV,是以为地区用户供电为主的变电所。全所停电后,仅使该地区中断供电。

(4)终端变电所。在输电线路的终端,接近负荷点,高压侧电压多为 110kV。经降压后直接向用户供电的变电所即为终端变电所。全所停电后,只是用户受到损失。

任务二　绘制电线杆

【任务背景】

发电厂、输电线路、升降压变电站以及配电设备和用电设备共同构成了电力系统。为了减少系统备用容量,错开高峰负荷,实现跨区域、跨流域调节,增强系统的稳定性,提高抗冲击负荷的能力，通常在电力系统之间采用高压输电线路进行联网。电力系统联网，既提高了系统的安全性，可靠性和稳定性，又可实现经济调度，使各种能源得到充分利用。起系统联络作用的输电线路，可进行电能的双向输送，实现系统间的电能交换和调节。

因此，输电线路的任务就是输送电能，并联络各发电厂、变电所使之并列运行，实现电力系统联网。高压输电线路是电力系统的重要组成部分。

本任务讲述的电线杆的绘制，如图 8-16 所示。绘制电线杆的大致思路如下：先绘制基本图，然后标注基本图完成整个图形的绘制。

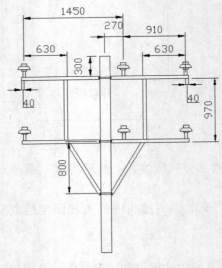

图 8-16　电线杆

■【操作步骤】

1．设置绘图环境

（1）新建文件。打开 AutoCAD 2014 应用程序，以"A4.dwg"样板文件为模板新建文件，将新文件命名为"电线杆.dwg"，并保存。

（2）设置绘图工具栏。调出"标准""图层""对象特性""绘图""修改"和"标注"6 个工具栏，并将它们移动到绘图窗口中的合适位置。

（3）开启栅格。单击状态栏中的"栅格"按钮，或者按【F7】快捷键，在绘图窗口中显示栅格，命令行中提示"命令：<栅格 开>"。

2．绘制基本图

（1）单击"绘图"工具栏中的"矩形"按钮 ▢，绘制起点在原点的大小为 150mm×3000mm 的矩形，效果如图 8-17 所示。

（2）单击"绘图"工具栏中的"矩形"按钮 ▢，绘制起点在如图 8-18 所示中点，大小为 1220mm×50mm 的矩形，效果如图 8-19 所示。

（3）单击"修改"工具栏中的"镜像"按钮 ⚖，以通过如图 8-18 所示中点的垂直直线为对称轴，把 1220mm×50mm 的矩形对称复制一份，效果如图 8-20 所示。

图 8-17 绘制矩形　　　　图 8-18 捕捉中点　　　　图 8-19 1220mm×50mm 的矩形

（4）单击"修改"工具栏中的"移动"按钮 ✛，把两个 1220mm×50mm 的矩形垂直向下移动，移动距离为 300mm，效果如图 8-21 所示。

（5）单击"修改"工具栏中的"复制"按钮 ⊘，把两个 1220mm×50mm 的矩形垂直向下复制一份，复制距离为 970mm，效果如图 8-22 所示。

图 8-20 镜像复制矩形　　　　图 8-21 移动矩形　　　　图 8-22 复制矩形

（6）绘制绝缘子。

① 单击"绘图"工具栏中的"矩形"按钮 ▭，绘制长为 80mm，宽为 40mm 的矩形，如图 8-23 所示。

② 单击"修改"工具栏中的"分解"按钮 ⟳，将如图 8-23 所示的矩形分解，单击"修改"工具栏中的"偏移"按钮 ⬚，将直线 4 向下偏移，偏移距离为 48mm，如图 8-24 所示。

③ 选择菜单栏中的"修改"→"拉长"命令，将偏移后的直线向左右两端分别拉长 48mm，结果如图 8-25 所示。

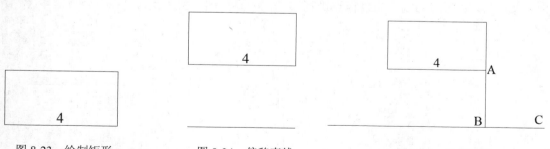

图 8-23 绘制矩形　　　　图 8-24 偏移直线　　　　图 8-25 拉长直线

④ 单击"绘图"工具栏中的"圆弧"按钮 ⌒，选择"起点，圆心，端点"的方式，以如

图 8-25 所示的 A 点为起点，B 点为圆心，C 点为端点，绘制如图 8-26（a）所示的圆弧，用同样的方法绘制左边的圆弧，如图 8-26（b）所示。

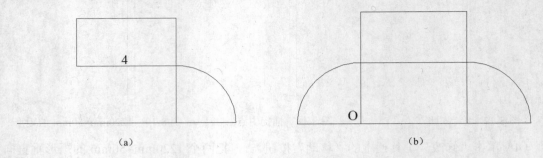

（a）　　　　　　　　　　　　　　　　　　（b）

图 8-26　绘制圆弧

⑤ 单击"绘图"工具栏中的"矩形"按钮 □，以如图 8-27（b）所示的 O 点为起点，绘制长为 80mm，宽为 20mm 的矩形，如图 8-27（a）所示。

⑥ 单击"绘图"工具栏中的"矩形"按钮 □，以如图 8-27（a）所示的 M 点为起点，绘制长为 96mm，宽为 40mm 的矩形，如图 8-27（b）所示。

⑦ 单击"修改"工具栏中的"移动"按钮 ✛，将如图 8-27（b）所示的矩形以 M 为基点向右移动 20mm，移动后如图 8-27（c）所示。

⑧ 单击"修改"工具栏中的"删除"按钮 ✐，删除多余的直线，得到的结果即为绝缘子图形符号，如图 8-28 所示。

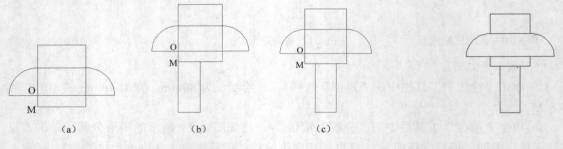

（a）　　　　　　　　　（b）　　　　　　　　　（c）

图 8-27　绘制矩形　　　　　　　　　　　　　　　　图 8-28　绝缘子

（7）单击"修改"工具栏中的"移动"按钮 ✛，把绝缘子图形以如图 8-29 所示的中点为基点，如图 8-30 所示的端点为目标点进行移动，效果如图 8-31 所示。

图 8-29　捕捉中点　　　　　　图 8-30　捕捉端点　　　　　　图 8-31　移动绝缘子

（8）单击"修改"工具栏中的"移动"按钮 ，把绝缘子图形向左移动，移动距离为40mm，效果如图8-32所示。

（9）单击"修改"工具栏中的"复制"按钮 ，把绝缘子图形向左复制一份，复制距离为910mm，效果如图8-33所示。

图8-32　移动绝缘子

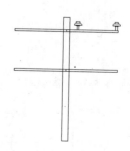

图8-33　复制绝缘子

（10）单击"修改"工具栏中的"复制"按钮 ，以如图8-34所示端点为基点，把两个绝缘子图形垂直向下复制到下边横栏上，效果如图8-35所示。

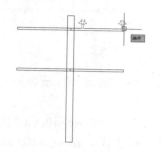

图8-34　捕捉端点

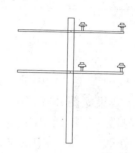

图8-35　复制绝缘子

（11）单击"修改"工具栏中的"镜像"按钮 ，以通过如图8-36所示的中点的垂直直线为对称轴，把右边两个绝缘子图形镜像复制一份，效果如图8-37所示。

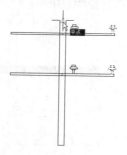

图8-36　捕捉中点

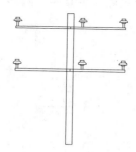

图8-37　镜像复制图形

（12）单击"标准"工具栏中的"实时缩放"按钮 ，局部放大如图8-38所示的图形。

（13）单击"绘图"工具栏中的"矩形"按钮 ，绘制起点在如图8-39所示的中点，大小为85mm×10mm的矩形，效果如图8-40（a）所示。

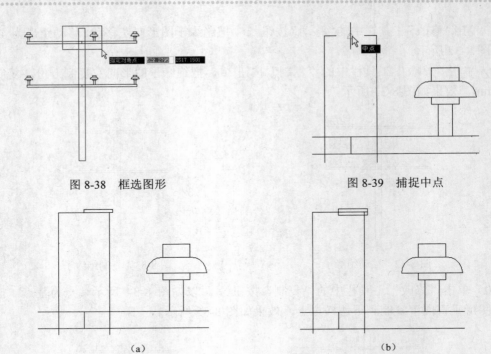

图 8-38　框选图形　　　　　　　　　图 8-39　捕捉中点

（a）　　　　　　　　　　　　　　　　（b）

图 8-40　绘制矩形

（14）单击"修改"工具栏中的"镜像"按钮 ⚶，以 85mm×10mm 的矩形下边为对称轴，镜像复制该矩形，效果如图 8-40（b）所示。

（15）单击"修改"工具栏中的"分解"按钮 ⬚，把两个 85mm×10mm 的矩形分解为线条。

（16）单击"修改"工具栏中的"删除"按钮 ✍，删除两个 85mm×10mm 矩形的两边和中间的线条，效果如图 8-41 所示。

（17）单击"修改"工具栏中的"圆角"按钮 ⬭，然后单击如图 8-42 所示的虚线和光标所指的两条平行线，创建半圆弧，效果如图 8-43 所示。

（18）单击"绘图"工具栏中的"圆"按钮 ⊘，绘制直径为 10mm 的圆，效果如图 8-44 所示。

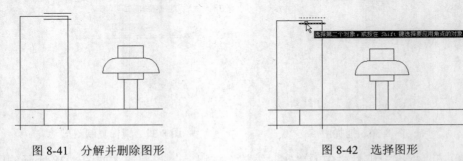

图 8-41　分解并删除图形　　　　　　　图 8-42　选择图形

（19）单击"修改"工具栏中的"镜像"按钮 ⚶，把半边螺栓套图形向左镜像复制一份，效果如图 8-45 所示。

（20）单击"修改"工具栏中的"移动"按钮 ✛，把螺栓套向下移动，移动距离为 325mm，效果如图 8-46 所示。

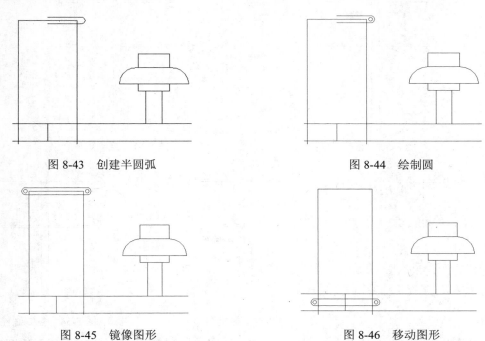

图 8-43　创建半圆弧　　　　　　　　　　图 8-44　绘制圆

图 8-45　镜像图形　　　　　　　　　　图 8-46　移动图形

（21）单击"修改"工具栏中的"复制"按钮 ，把螺栓套向下复制一份，复制距离为 970mm，效果如图 8-47 所示。

（22）单击"修改"工具栏中的"修剪"按钮 ，以如图 8-48 所示的矩形为修剪边，修剪掉光标所示的 4 段线头，效果如图 8-49 所示。

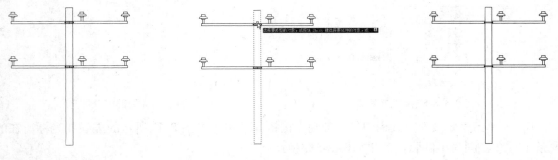

图 8-47　复制螺栓套　　　　图 8-48　选择修剪边　　　　图 8-49　修剪结果

（23）单击"绘图"工具栏中的"矩形"按钮 ，绘制起点在如图 8-50 所示的端点处，大小为 50mm×920mm 的矩形，效果如图 8-51 所示。

（24）单击"修改"工具栏中的"移动"按钮 ，将 50mm×920mm 的矩形向右移动 475mm，效果如图 8-52 所示。

（25）单击"修改"工具栏中的"复制"按钮 ，将如图 8-53 所示的螺栓套向下复制一份，复制距离为 800mm，效果如图 8-54 所示。

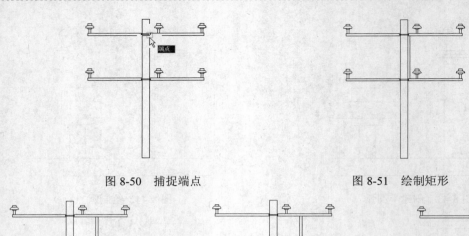

图 8-50　捕捉端点　　　　　　　　　图 8-51　绘制矩形

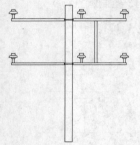　　　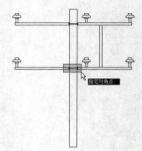　　　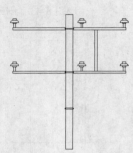

图 8-52　移动矩形　　　　　图 8-53　捕捉图形　　　　　图 8-54　复制螺栓套

（26）单击"标准"工具栏中的"实时缩放"按钮，局部放大如图 8-55 所示的图形，效果如图 8-56 所示。

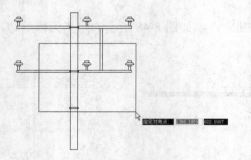　　　　　　　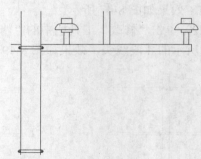

图 8-55　框选图形　　　　　　　　　　图 8-56　局部方法图形

（27）单击"修改"工具栏中的"圆角"按钮，单击如图 8-57 所示的虚线和光标所在的两条平行线，创建半圆弧，效果如图 8-58 所示。

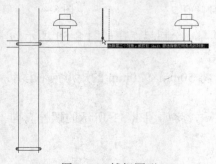　　　　　　　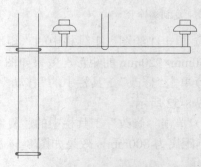

图 8-57　捕捉图形　　　　　　　　　　图 8-58　创建半圆弧

（28）单击"绘图"工具栏中的"直线"按钮 ，绘制如图 8-59 和图 8-60 所示的两个圆心的连线，效果如图 8-61 所示。

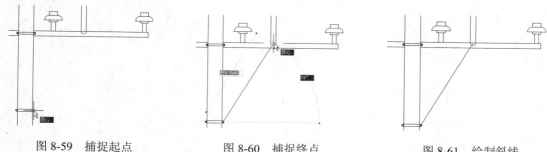

图 8-59　捕捉起点　　　　　图 8-60　捕捉终点　　　　　图 8-61　绘制斜线

（29）单击"修改"工具栏中的"偏移"按钮 ，把斜线分别向两边偏移复制一份，复制距离为 25mm，效果如图 8-62 所示。

（30）单击"修改"工具栏中的"删除"按钮 ，删除斜线和绘制的半圆弧，效果如图 8-63 所示。

（31）单击"修改"工具栏中的"修剪"按钮 ，以如图 8-64 所示的矩形为修剪边，修剪掉光标矩形内的两段线头，效果如图 8-65 所示。

（32）单击"修改"工具栏中的"圆角"按钮 ，单击如图 8-66 所示的虚线和光标所示的两条平行线，创建半圆弧，效果如图 8-67 所示。

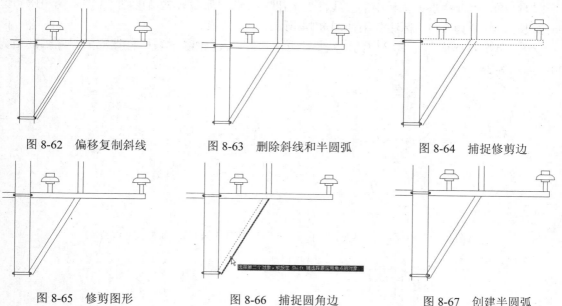

图 8-62　偏移复制斜线　　　图 8-63　删除斜线和半圆弧　　　图 8-64　捕捉修剪边

图 8-65　修剪图形　　　　　图 8-66　捕捉圆角边　　　　　图 8-67　创建半圆弧

（33）单击"修改"工具栏中的"修剪"按钮 ，以如图 8-68 所示中虚线所示的矩形边为修剪边，修剪掉虚线左边的两段线头，效果如图 8-69 所示。

（34）单击"修改"工具栏中的"镜像"按钮 ，以如图 8-70 所示光标通过电线杆中点的垂直直线为对称轴，把右边虚线所示的图形对称复制一份，效果如图 8-71 所示。

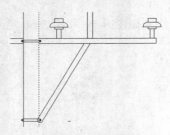

图 8-68　捕捉修剪边

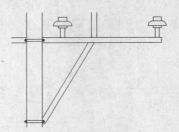

图 8-69　修剪图形

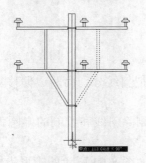

图 8-70　选择对称轴

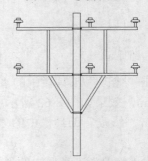

图 8-71　对称复制图形

3．标注图形

标注样式的设置方法与上例基本相同，在此不再赘述，具体标注过程如下。

（1）单击"标注"工具栏中的"线性"按钮，标注如图 8-72 和图 8-73 所示两个端点之间的尺寸，其值为 970，标注效果如图 8-74 所示。

（2）单击"标注"工具栏中的"线性"按钮，标注绝缘子与横杆端部的尺寸，其值为 40，如图 8-75 所示。

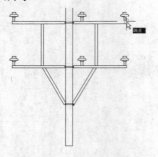

图 8-72　捕捉尺寸线起点

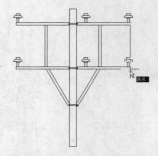

图 8-73　捕捉尺寸线终点

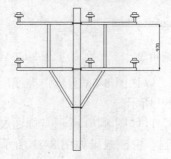

图 8-74　标注横杆距离

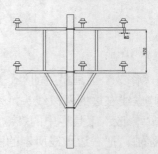

图 8-75　标注绝缘子与横杆端部尺寸

（3）单击"标注"工具栏中的"线性"按钮⊢⊣，标注绝缘子与横杆支架之间的尺寸，其值为 630，如图 8-76 所示。

（4）单击"标注"工具栏中的"线性"按钮⊢⊣，标注绝缘子之间的尺寸，其值为 910，如图 8-77 所示。

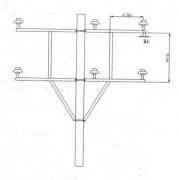

图 8-76　标注绝缘子与横杆支架间的尺寸

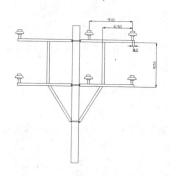

图 8-77　标注绝缘子之间的尺寸

（5）单击"标注"工具栏中的"线性"按钮⊢⊣，标注绝缘子与电杆中心的尺寸，其值为 270，如图 8-78 所示。

（6）单击"标注"工具栏中的"线性"按钮⊢⊣，标注左边绝缘子与横杆支架之间的尺寸，其值为 630，如图 8-79 所示。

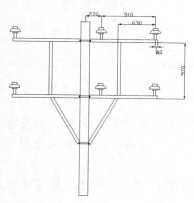

图 8-78　标注绝缘子与电杆中心的尺寸

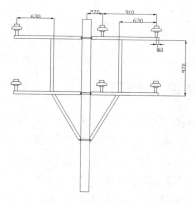

图 8-79　标注左边绝缘子与横杆支架之间的尺寸

（7）单击"标注"工具栏中的"线性"按钮⊢⊣，标注如图 8-80 所示两个绝缘子之间的尺寸，其值为 1450。

（8）单击"标注"工具栏中的"线性"按钮⊢⊣，标注左边绝缘子与横杆端部之间的尺寸，其值为 40，如图 8-81 所示。

（9）单击"标注"工具栏中的"线性"按钮⊢⊣，标注如图 8-82 所示电杆顶部与横杆之间的尺寸，其值为 300，如图 8-82 所示。

（10）单击"标注"工具栏中的"线性"按钮⊢⊣，标注如图 8-83 所示底部螺栓套与下边横杆之间的尺寸，其值为 800，如图 8-83 所示。

至此就完成了整个图形的绘制。

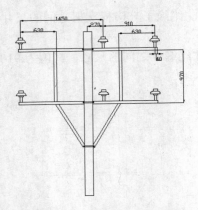

图 8-80　标注两个绝缘子之间的尺寸

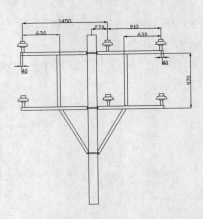

图 8-81　标注左边绝缘子与横杆端部之间的尺寸

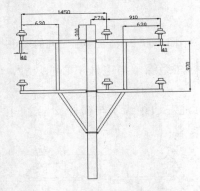

图 8-82　标注电杆顶部与横杆之间的尺寸

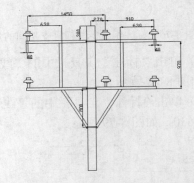

图 8-83　标注螺栓套与横杆之间的尺寸

■【知识点详解】

输送电能的线路通称为电力线路。电力线路有输电线路和配电线路之分。由发电厂向电力负荷中心输送电能的线路以及电力系统之间的联络线路称为输电线路。由电力负荷中心向各个电力用户分配电能的线路称为配电线路。

电力线路按电压等级分为低压、高压、超高压和特高压线路。一般地，输送电能容量越大，线路采用的电压等级就越高。

输电线路按结构特点分为架空线路和电缆线路。架空线路由于结构简单，施工简便，建设费用低，施工周期短，检修维护方便，技术要求较低等优点，得到了广泛的应用。电缆线路受外界环境因素的影响小，但需用经过特殊加工，费用高，施工及运行检修的技术要求高。

目前我国电力系统广泛采用的是架空输电线路，架空输电线路一般由导线、避雷线、绝缘子、金具、杆塔、杆塔基础、接地装置和拉线几部分组成。

（1）导线：固定在杆塔上输送电流用的金属线，目前在输电线路设计中，一般采用钢芯铝绞线，局部地区采用铝合金线。

（2）避雷线：防止雷电直接击于导线上，并把雷电流引入大地。避雷线常用镀锌钢绞线，也有采用铝包钢绞线。

（3）绝缘子：输电线路用的绝缘子主要有针式绝缘子、悬式绝缘子、瓷横担等。

（4）金具：通常把输电线路使用的金属部件总称为金具，它的类型繁多，主要有连接金具、连续金具、固定金具、防震锤、间隔棒、均压屏蔽环等几种类型。

（5）杆塔：线路杆塔是支持导线和避雷线的。按照杆塔材料的不同，分为木杆、铁杆、钢筋混凝杆，国外还采用了铝合金塔。杆塔可分为直线型和耐张型两类。

（6）杆塔基础：用来支撑杆塔的，分为钢筋混凝土杆塔基础和铁塔基础两类。

（7）接地装置：埋在基础土壤中的圆钢、扁钢、角钢、钢管或其组合式结构均称为接地装置。其与避雷线或杆塔直接相连，当雷击杆塔或避雷线时，能将雷电引入大地，可防止雷电击穿绝缘子串的事故发生。

（8）拉线：为了节省杆塔钢材，广泛使用带拉线杆塔。拉线材料一般用镀锌钢绞线。

上机实验 8

实验 1　绘制如图 8-84 所示的变电站避雷针布置及其保护范围图。

◆　目的要求

本实验绘制的是一个相对简单的电力电气工程图，通过本实验，使读者进一步掌握和巩固电力电气工程图绘制的基本思路和方法。

◆　操作提示

（1）绘制基本图形。

（2）添加注释文字及标注，完成绘图。

实验 2　绘制如图 8-85 所示的电气主接线图。

◆　目的要求

本实验绘制的是一个典型的电力电气工程图，通过本实验，使读者进一步掌握和巩固电力电气工程图绘制的基本思路和方法。

◆　操作提示

（1）设置绘图环境，进行图纸布局。

（2）绘制图形符号。

（3）绘制连线图。

（4）添加注释文字及标注，完成绘图。

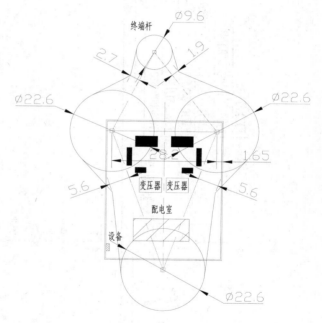

图 8-84　变电站避雷针布置及其保护范围图

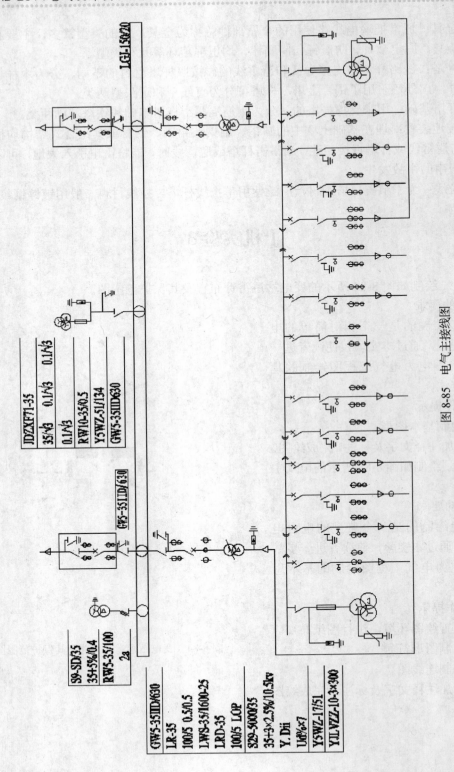

图 8-85　电气主接线图

项目九 绘制建筑电气工程图

■【学习情境】

建筑电气工程图是应用非常广泛的电气工程图之一。建筑电气工程图可以表明建筑电气工程的构成规模和功能，详细描述电气装置的工作原理，提供安装技术数据和使用维护方法。本项目通过几个任务来帮助读者掌握建筑电气工程图的绘制方法。

■【能力目标】

➤ 掌握建筑电气工程图的具体绘制方法
➤ 灵活应用各种 AutoCAD 命令
➤ 提高电气绘图的速度和效率

■【课时安排】

16 课时（讲课 6 课时，练习 10 课时）

任务一 绘制乒乓球馆照明平面图

■【任务背景】

建筑电气工程图是电气工程的重要图样，是建筑工程的重要组成部分。它提供了建筑内电气设备的安装位置、安装接线、安装方法以及设备的有关参数。根据建筑物的功能不同，电气图也不相同，主要包括建筑电气安装平面图、电梯控制系统电气图、照明系统电气图、中央空调控制系统电气图、消防安全系统电气图、防盗保安系统电气图以及建筑物的通信、电视系统、防雷接地系统的电气平面图等。

本任务将讲述乒乓球馆照明平面图绘制的基本思路和方法。电气平面图图线非常密集，所以在绘制的时候，必须掌握一定的方法与技巧，否则会感觉无从下手。绘制的大致思路如下：先绘制轴线和墙线，然后绘制门洞和窗洞，即可完成电气图需要的建筑图，最后在建筑图的基础上绘制电路图。照明电气系统包括灯具、开关、插座，每类元器件分别安装在不同的场合，如图 9-1 所示。

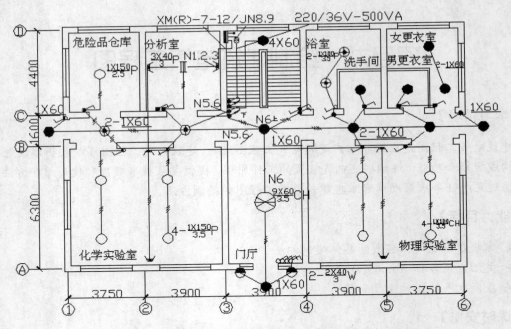

图 9-1　乒乓球馆照明平面图

【操作步骤】

1．设置绘图环境

（1）新建文件。打开 AutoCAD 2014 应用程序，以"A4.dwt"样板文件为模板，新建文件，将新文件命名为"乒乓球馆照明平面图.dwg"，并保存。

（2）设置绘图工具栏。调出"标准"，"图层"，"对象特性"，"绘图"，"修改"和"标注"6 个工具栏，并将它们移动到绘图窗口中的合适位置。

（3）设置图层。新建"轴线层""墙体层""元件符号层""文字说明层""尺寸标注层""标号层""连线层"和"标注层"图层。设置完成的各图层的属性如图 9-2 所示。

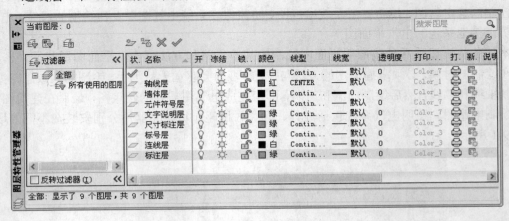

图 9-2　图层设置

2．绘制建筑图

（1）绘制轴线。

① 单击"绘图"工具栏中的"直线"按钮，绘制一条长为 192mm 的水平线段，再绘制一条长为 123mm 的竖直线段，如图 9-3 所示。

② 单击"修改"工具栏中的"偏移"按钮，将竖直线段依次向右偏移 37.5mm、39mm、39mm、39mm 和 37.5mm。然后将水平线段依次向上偏移 63mm、79mm 和 123mm。结果如图 9-4 所示。

图 9-3 绘制直线

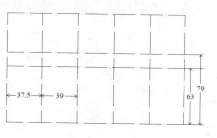

图 9-4 偏移轴线

（2）绘制墙线。

① 设置多线。

a．将"墙体层"设置为当前图层。选择菜单栏中的"格式"→"多线样式"命令，打开"多线样式"对话框，如图 9-5 所示。

图 9-5 "多线样式"对话框

在"多线样式"对话框中，可以看到"样式"栏中只有系统自带的 STANDARD 样式，单击右侧的"新建"按钮，打开"创建新的多线样式"对话框，如图 9-6 所示。在"新样式名"文本框中输入"240"。单击"继续"按钮，打开"新建多线样式：240"对话框，参数设置如图 9-7 所示。

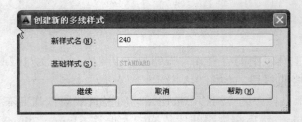

图9-6 "创建新的多线样式"对话框

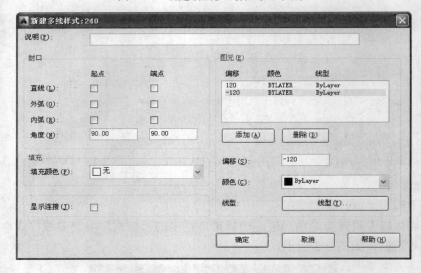

图9-7 "新建多线样式：240"对话框

b.再次单击"多线样式"对话框中的"新建"按钮，继续设置多线 "WALL_1"和"WALL_2"，参数设置如图9-8所示。

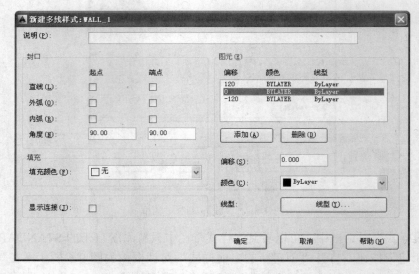

图9-8 多线样式参数设置

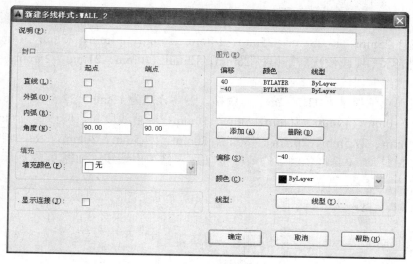

图 9-8 多线样式参数设置（续）

② 绘制墙线。

a. 选择菜单栏中的"绘图"→"多线"命令，进行设置及绘图。命令行提示与操作如下：

```
命令：mline
当前设置：对正 = 上，比例 = 20.00，样式 = STANDARD
指定起点或 [对正(J)/比例(S)/样式(ST)]：st↙         //设置多线样式
输入多线样式名或 [?]：240↙                         //多线样式名为240
当前设置：对正 = 上，比例 = 20.00，样式 = 240
指定起点或 [对正(J)/比例(S)/样式(ST)]：j↙
输入对正类型 [上(T)/无(Z)/下(B)] <上>：z↙          //设置对正模式为无
当前设置：对正 = 无，比例 = 20.00，样式 = 240
指定起点或 [对正(J)/比例(S)/样式(ST)]：s↙
输入多线比例 <20.00>：0.0125↙                      //设置线型比例为0.0125
当前设置：对正 = 无，比例 = 0.0125，样式 = 240
指定起点或 [对正(J)/比例(S)/样式(ST)]：            //选择底端水平轴线左端
指定下一点：                                       //选择底端水平轴线右端
指定下一点或 [放弃(U)]：↙
```

继续绘制其他外墙墙线，如图 9-9 所示。

b. 单击"修改"工具栏中的"分解"按钮 ⟐，将步骤 a 中绘制的多线分解。单击"绘图"工具栏中的"直线"按钮 ✎，以距离上边框左端点 7.75mm 处为起点绘制竖直线段，长度为3mm；以距离左边框端点 11mm 处为起点绘制水平线段，长度为 3mm，如图 9-10 所示。

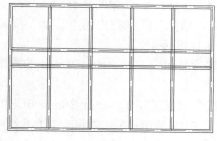

图 9-9 绘制墙线

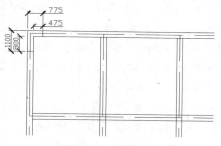

图 9-10 编辑墙线

c. 关闭"轴线层",单击"修改"工具栏中的"偏移"按钮。将步骤 b 绘制的竖直线段依次向右偏移 25mm、13.25mm、25mm、14mm、25mm、14mm、25mm、14mm、25mm;将步骤 b 绘制的水平线段依次向下偏移 25mm、12mm、10mm、21mm、25mm;

按上述步骤绘制线段:

竖直线段起点偏移量为 11.75mm,作偏移,距离分别为 15mm、22.5mm、15mm、56mm、10mm、5mm、10mm、19mm、10mm、5mm、10mm;竖直线段起点偏移量为 6mm,作偏移,距离分别为 20mm、27.5mm、20mm、48mm、20mm、27.5mm、20mm,效果如图 9-11 所示。

d. 单击"修改"工具栏中的"修剪"按钮,修剪出墙线,如图 9-12 所示

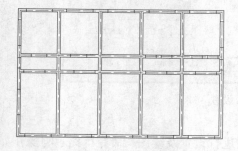

图 9-11　编辑墙线

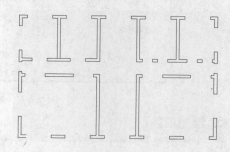

图 9-12　修剪墙线

e. 选择菜单栏中的"绘图"→"多线"命令,设置多线样式为 WALL_1,绘制多线如图 9-13 所示

f. 选择菜单栏中的"绘图"→"多线"命令,设置多线样式为 WALL_2,以如图 9-14 所示图中中点为起点,绘制高为 20mm 的多线,如图 9-14 所示。

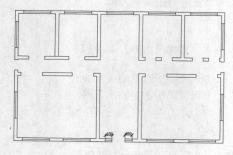

图 9-13　绘制多线 1

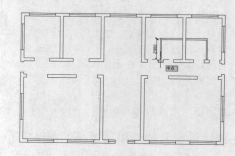

图 9-14　绘制多线 2

(3)绘制楼梯。

① 绘制矩形。单击"绘图"工具栏中的"矩形"按钮,以如图 9-15 所示 A 点为起点,绘制一个长度为 30mm,宽度为 4mm 的矩形。单击"修改"工具栏中的"移动"按钮,将矩形向右移动 16mm,向下移动 10mm,效果如图 9-16 所示。

② 偏移矩形。单击"修改"工具栏中的"偏移"按钮,将 4mm×30mm 的矩形向内偏移 1mm,效果如图 9-17 所示。

③ 绘制直线。单击"绘图"工具栏中的"直线"按钮,以 4mm×30mm 矩形的右边中点为起点,水平向右绘制长度为 16mm 的线段,如图 9-18 所示;单击"修改"工具栏中的"移动"按钮,将长度为 16mm 的线段向上移动 14mm,如图 9-19 所示。

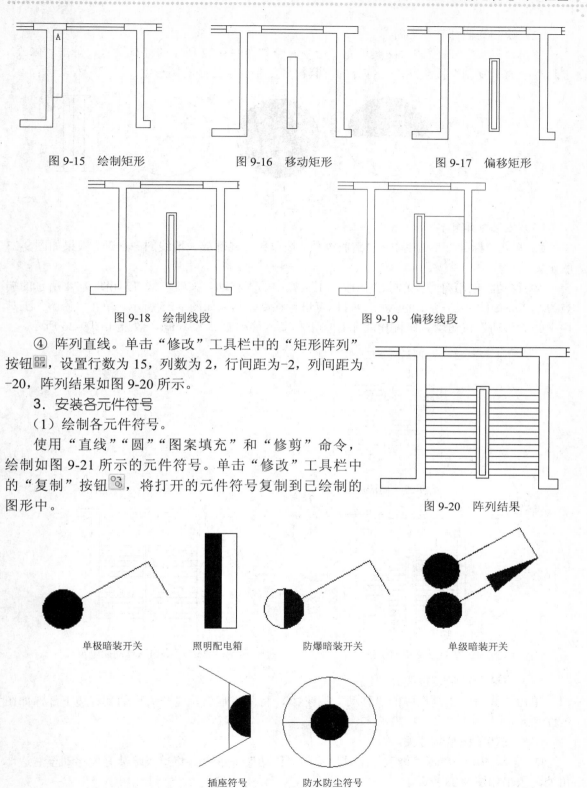

图 9-15 绘制矩形　　　　图 9-16 移动矩形　　　　图 9-17 偏移矩形

图 9-18 绘制线段　　　　　　　图 9-19 偏移线段

④ 阵列直线。单击"修改"工具栏中的"矩形阵列"按钮，设置行数为 15，列数为 2，行间距为-2，列间距为-20，阵列结果如图 9-20 所示。

3. 安装各元件符号

（1）绘制各元件符号。

使用"直线""圆""图案填充"和"修剪"命令，绘制如图 9-21 所示的元件符号。单击"修改"工具栏中的"复制"按钮，将打开的元件符号复制到已绘制的图形中。

图 9-20 阵列结果

单极暗装开关　　　照明配电箱　　　防爆暗装开关　　　单级暗装开关

插座符号　　　防水防尘符号

图 9-21 元件符号

（2）绘制其他灯具图形符号。

使用"直线""圆"和"图案填充"命令，绘制如图9-22所示的灯具符号。单击"修改"工具栏中的"复制"按钮，将打开的灯具符号复制到已绘制的图形中。

图9-22　灯具符号

（3）安装配电箱。

① 单击"标准"工具栏中的"实时缩放"按钮，局部放大墙线的中上部，效果如图9-23所示。

② 移动配电箱符号。单击"修改"工具栏中的"移动"按钮，以如图9-24所示的端点为基点，如图9-23所示的A点为目标点进行移动，结果如图9-25所示。单击"修改"工具栏中的"移动"按钮，把配电箱垂直向下移动，移动距离为1mm，效果如图9-26所示。

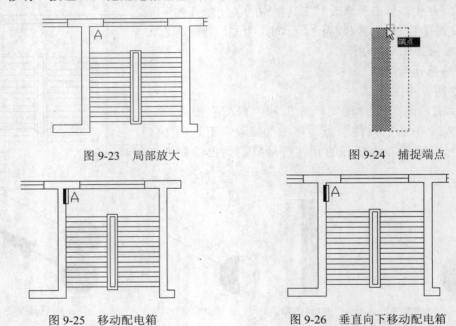

图9-23　局部放大　　　　　　　　　　　图9-24　捕捉端点

图9-25　移动配电箱　　　　　　　　　　图9-26　垂直向下移动配电箱

（4）安装单极暗装拉线开关。

单击"修改"工具栏中的"移动"按钮，将单极暗装拉线开关移动到左边下部，如图9-27所示。

（5）安装单极暗装开关。

① 移动图形。单击"修改"工具栏中的"移动"按钮，将单极暗装开关移动至右边墙角处，效果如图9-28所示。

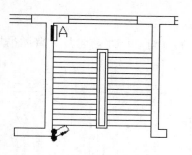
图 9-27 安装单极暗装拉线开关

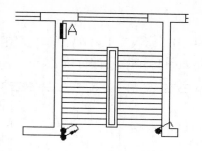
图 9-28 移动单极暗装开关

② 复制图形。单击"修改"工具栏中的"复制"按钮，将刚才移动的单极暗装开关向下垂直复制一份，效果如图 9-29 所示。

③ 绘制直线。单击"绘图"工具栏中的"直线"按钮，绘制如图 9-30 所示的折线。

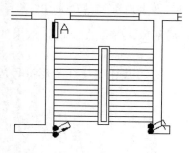
图 9-29 复制开关

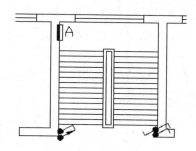
图 9-30 绘制折线

④ 单击"修改"工具栏中的"复制"按钮，将单极暗装开关复制到其他位置，如图 9-31 所示。

（6）安装防爆暗装开关。

① 移动图形。单击"修改"工具栏中的"移动"按钮，将防爆暗装开关放置到危险品仓库、化学实验室门旁边，如图 9-32 所示。

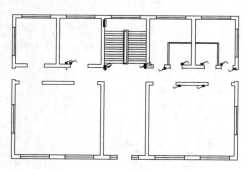
图 9-31 复制暗装单极开关

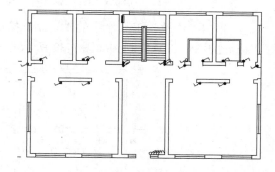
图 9-32 安装防爆暗装与单极暗装开关

② 复制图形。单击"修改"工具栏中的"复制"按钮，将单极暗装开关复制 5 份，分别安装在门厅和浴室门旁，效果如图 9-33 所示。

（7）安装灯。

① 单击"标准"工具栏中的"窗口缩放"按钮，局部放大墙线左上部，效果如图 9-33

所示。

② 单击"修改"工具栏中的"复制"按钮，将日光灯、防水防尘灯、普通吊灯图形符号放置到如图 9-34 所示的位置上。

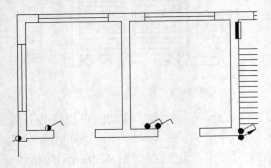

图 9-33　局部放大左上部

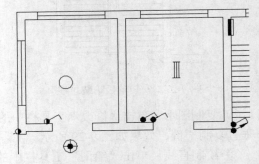

图 9-34　安装白光灯、防水防尘灯和普通吊灯

③ 单击"标准"工具栏中的"窗口缩放"按钮，局部放大墙线左下部，效果如图 9-35 所示。

④ 单击"修改"工具栏中的"复制"按钮，将球形灯、壁灯和花灯图形符号放置到如图 9-36 所示的位置上。

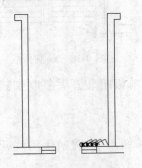

图 9-35　局部放大左下部

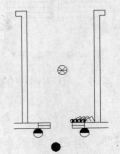

图 9-36　安装球形灯、壁灯和花灯

⑤ 单击"修改"工具栏中的"复制"按钮，将球形灯、日光灯、防水防尘灯、普通吊灯和花灯的图形符号复制到如图 9-37 所示的位置。

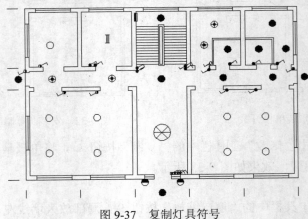

图 9-37　复制灯具符号

（8）安装暗装插座。

① 单击"标准"工具栏中的"窗口缩放"按钮，局部放大墙线左下部，效果如图 9-38 所示。

② 单击"修改"工具栏中的"旋转"按钮 ，将插座图形符号旋转 90°，单击"修改"工具栏中的"复制"按钮，将暗装插座图形符号放置到如图 9-39 所示的中点位置，单击"修改"工具栏中的"移动"按钮，将插座符号向下移动适当的距离。

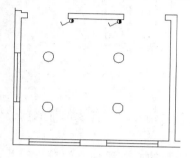

图 9-38 局部放大墙线左下部

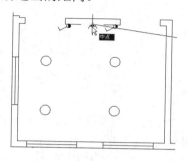

图 9-39 捕捉中点

③ 复制插座符号到其他位置。单击"修改"工具栏中的"复制"按钮，将插座图形符号复制到如图 9-40 所示的位置。

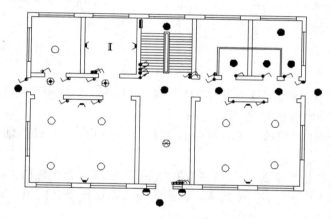

图 9-40 复制暗装插座

（9）绘制连接线。

检查图形，配电箱旁边缺少一个变压器，配电室缺少一个开关，通过复制和绘制直线补上它们，单击"绘图"工具栏中的"直线"按钮，连接各个元器件，并且在连接线上绘制平行的斜线，表示它们的相数，效果如图 9-41 所示。

（10）绘制标号。

① 绘制轴线。

将"标号层"设置为当前层，单击"绘图"工具栏中的"圆"按钮，在绘图区域的合适位置绘制一个半径为 3mm 的圆。

单击"绘图"工具栏中的"直线"按钮，在"对象捕捉"和"正交"模式下，捕捉圆心作为起点，向右绘制长度为 15mm 的直线，效果如图 9-42（a）所示。

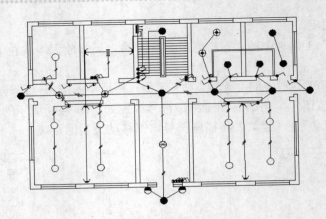

图 9-41　连接各个器件

单击"修改"工具栏中的"修剪"按钮 ⊶，以圆为剪切边，对直线进行修剪，修剪后的结果如图 9-42（b）所示。

单击"绘图"工具栏中的"多行文字"按钮 **A**，在圆的内部添加元件符号，并调整其位置，如图 9-42（b）所示。

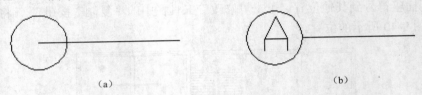

（a）　　　　　　　　　　　　　　　　（b）

图 9-42　绘制轴线

② 复制图形。单击"修改"工具栏中的"复制"按钮 ，将横向轴线依次向上复制 63mm、16mm 和 44mm，效果如图 9-43 所示。

③ 旋转图形。单击"修改"工具栏中的"旋转"按钮 ○，将横向轴线旋转 90°，效果如图 9-44（a）所示。

④ 修改文字。单击"修改"工具栏中的"删除"按钮 ，删除圆内的字母"A"，单击"绘图"工具栏中的"多行文字"按钮 **A**，在圆的内部添加数字"1"，并调整其位置，效果如图 9-44（b）所示。

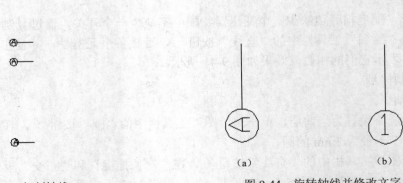

图 9-43　复制轴线

（a）　　　　　　　　　（b）

图 9-44　旋转轴线并修改文字

⑤ 复制图形。单击"修改"工具栏中的"复制"按钮 ✣，将竖向轴线依次向右复制 37.5mm、39mm、39mm、39mm 和 37.5mm，效果如图 9-45 所示。

⑥ 修改文字。选择菜单栏中的"修改"→"对象"→"文字"→"编辑"命令，单击轴线圆圈中的文字，多行文字输入对话框中把这些文字分别修改为"A""B""C""D""1""2""3""4""5"和"6"，效果如图 9-46 所示。

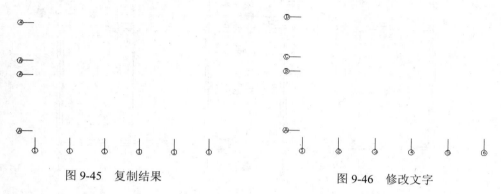

图 9-45　复制结果

图 9-46　修改文字

⑦ 打开"轴线层"，将标号移动至图中并与中线对齐，结果如图 9-47 所示。

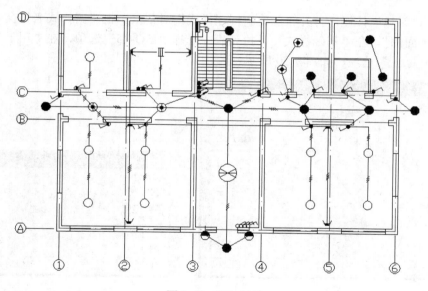

图 9-47　添加标号

4．添加文字

（1）添加文字。

将"文字说明层"设置为当前图层，单击"绘图"工具栏中的"多行文字"按钮 A，添加各个房间的文字代号及元器件符号，效果如图 9-48 所示。

（2）添加标注。

① 单击"样式"工具栏中的"标注样式"按钮 ，打开"标注样式管理器"对话框，如图 9-49 所示。

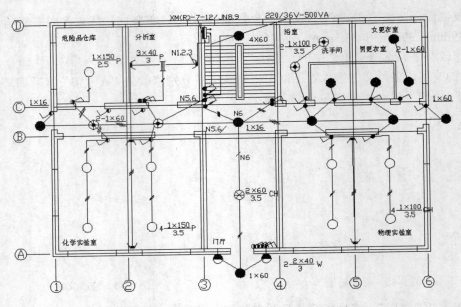

图 9-48　添加房间的文字代号及元器件符号

② 单击"新建"按钮，打开"创建新标注样式"对话框。在"新样式名"文本框中输入文字"照明平面图"，在"基础样式"下拉列表中选择"ISO-25"选项，在"用于"下拉列表中选择"所有标注"选项，如图 9-50 所示。

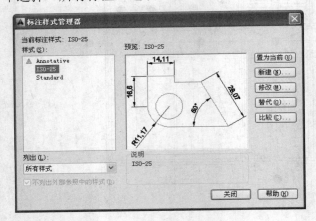

图 9-49　"标注样式管理器"对话框　　　　　图 9-50　"创建新标注样式"对话框

③ 单击"继续"按钮，打开"新建标注样式：照明平面图"对话框，"符号和箭头"选项卡参数设置如图 9-51 所示。

然后设置其他选项，将比例因子设置为 100，设置完毕后，返回"标注样式管理器"对话框，单击"置为当前"按钮，将新建的"照明平面图"样式设置为当前使用的标注样式。

④ 单击"标注"工具栏中的"线性"按钮，标注轴线间的尺寸，效果如图 9-52 所示。

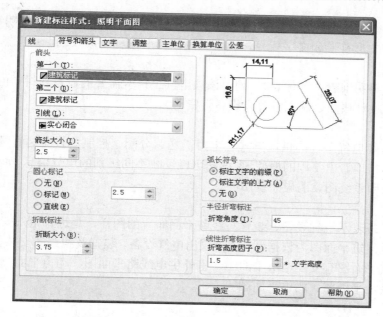

图 9-51　"符号和箭头"选项卡参数设置

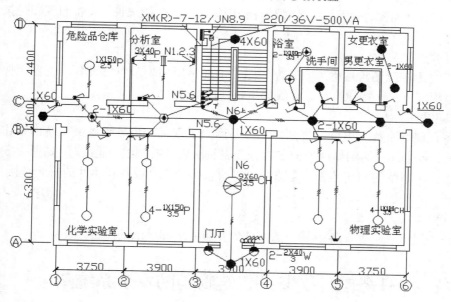

图 9-52　标注尺寸

【知识点详解】

随着建筑物的规模和要求不同，建筑电气工程图的种类和图样数量也不同，常用的建筑电气工程图主要包括以下几类。

1．说明性文件

（1）图样目录：内容有序号、图样名称、图样编号、图样张数等。

（2）设计说明（施工说明）：主要阐述电气工程设计依据、工程的要求和施工原则、建筑特点、电气安装标准、安装方法、工程等级、工艺要求及有关设计的补充说明等。

（3）图例：图形符号和文字代号，通常只列出本套图样中涉及的一些图形符号和文字代号所代表的意义。

（4）设备材料明细表（零件表）：列出该项电气工程所需要的设备和材料的名称、型号、规格和数量，供设计概算、施工预算及设备订货时参考。

2．系统图

系统图是表现电气工程的供电方式、电力输送、分配、控制和设备运行情况的图样。从系统图中可以粗略地看出工程的概貌。系统图可以反映不同级别的电气信息，如变配电系统图、动力系统图、照明系统图、弱电系统图等。

3．平面图

电气平面图是表示电气设备、装置与线路平面布置的图样，是进行电气安装的主要依据。电气平面图是以建筑平面图为依据，在图上绘出电气设备、装置及线路的安装位置，敷设方法等。常用的电气平面图有变配电所平面图、室外供电线路平面图、动力平面图、照明平面图、防雷平面图、接地平面图、弱电平面图等。

4．布置图

布置图是表现各种电气设备和器件的平面与空间位置、安装方式及其相互关系的图样。通常由平面图、立面图、剖面图及各种构件详图等组成。一般来说，设备布置图是按三视图原理绘制的。

5．接线图

安装接线图在现场常被称为安装配线图，主要是用来表示电气设备、电器元件和线路的安装位置、配线方式、接线方法、配线场所特征的图样。

6．电路图

电路图在现场常称为电气原理图，主要是用来表现某一电气设备或系统的工作原理的图样，它是按照各个部分的动作原理图采用分开表示法展开绘制的。通过对电路图的分析，可以清楚地看出整个系统的动作顺序。电路图可以用来指导电气设备和器件的安装、接线、调试、使用与维修。

7．详图

详图是表现电气工程设备中某一部分具体安装要求和做法的图样。

任务二 绘制某建筑物消防安全系统图

■【任务背景】

建筑电气工程是建筑工程与电气工程的交叉学科，建筑电气工程图从总体上讲可以分为建筑电气平面图和建筑电气系统图。如图 9-53 所示是某建筑物消防安全系统图，该建筑物消防安全系统主要由以下几部分组成。

（1）火灾探测系统：主要由分布在 1～40 层各个区域的多个探测器网络构成。图中 S 代表感烟探测器，H 代表感温探测器，手动装置主要供调试和平时检查试验用。

（2）火灾判断系统：主要由各楼层区域报警器和大楼集中报警器组成。

（3）通报与疏散诱导系统：由消防紧急广播、事故照明、避难诱导灯、专用电话等组成。当楼中人员听到火灾报警之后，可根据诱导灯的指示方向撤离现场。

（4）灭火设施：由自动喷淋系统组成。当火灾报警之后，延时一段时间，总监控台启动消防泵，建立水压，并打开着火区域消防水管的电磁阀，使消防水进入喷淋管路进行喷淋灭火。

（5）排烟装置及监控系统：由排烟阀门、抽排烟机及其电气控制系统组成。

本任务将讲述如图 9-53 所示某建筑物消防安全系统图绘制的基本思路和方法。绘制的大致思路如下：先确定图纸的大致布局，然后绘制各个元件和设备，并将元件及设备插入到结构图中，最后添加注释文字完成本图的绘制。

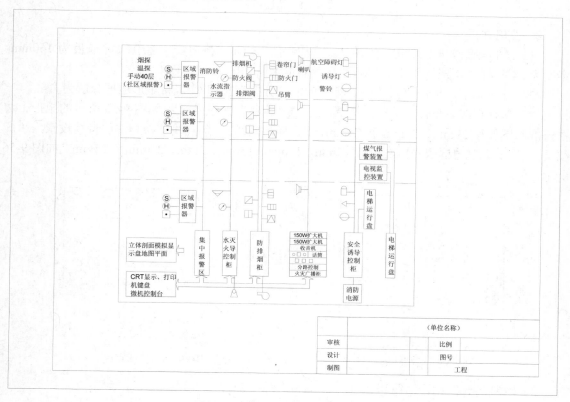

图 9-53　某建筑物消防安全系统图

【操作步骤】

1．设置绘图环境

（1）新建文件。打开 AutoCAD 2014 应用程序，以"A4.dwt"样板文件为模板，新建文件，将新文件命名为"某建筑物消防安全系统图.dwt"，并保存。

（2）设置绘图工具栏。调出"标准""图层""对象特性""绘图""修改"和"标注"6 个工具栏，并将它们移动到绘图窗口中的合适位置。

（3）设置图层。新建"绘图层""标注层"和"虚线层"3 个图层，并将"绘图层"设置为当前层，设置完成的各图层的属性如图 9-54 所示。

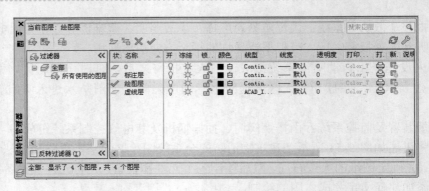

图 9-54　图层设置

2．图纸布局

（1）绘制辅助矩形。单击"绘图"工具栏中的"矩形"按钮 ，绘制一个长度为 160mm，宽度为 143mm 的矩形，并将其移动到合适的位置，如图 9-55 所示。

（2）分解矩形。单击"修改"工具栏中的"分解"按钮 ，将矩形边框分解为直线。

（3）偏移直线。单击"修改"工具栏中的"偏移"按钮 ，将如图 9-55 所示的矩形上边框依次向下偏移 29mm、52mm 和 75mm，选中偏移后的 3 条直线，将其图层特性设置为"虚线层"，将矩形左边框依次向右偏移 45mm、15mm、15mm、2mm、25mm 和 25mm，如图 9-56 所示。

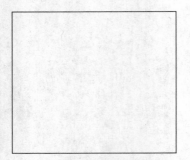

图 9-55　绘制辅助矩形

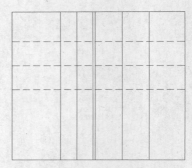

图 9-56　偏移直线

3．绘制各元件和设备符号

（1）绘制区域报警器标志框。

① 绘制矩形。单击"绘图"工具栏中的"矩形"按钮 ，绘制一个长度为 9mm，宽度为 18mm 的矩形，如图 9-57 所示。

② 分解矩形。单击"修改"工具栏中的"分解"按钮 ，将矩形边框分解为直线。

③ 等分矩形边。选择菜单栏中的"绘图"→"点"→"定数等分"命令，将矩形的左侧边等分，命令行提示与操作如下：

```
命令：_div
选择要定数等分的对象：//选择矩形的左侧长边
输入线段数目或[块(B)]：4↙
```

④ 绘制短直线。右击状态栏中的"对象捕捉"按钮，在弹出的快捷菜单中选择"设置"

命令，打开"草图设置"对话框，选择"对象捕捉"选项卡，在"对象捕捉模式"选项组中勾选"节点"复选框。单击"绘图"工具栏中的"直线"按钮 ✎，在矩形边上捕捉节点，如图9-58所示，水平向左绘制长度为 5.5mm 的直线，效果如图9-59所示。

图 9-57　绘制矩形　　　　　　　图 9-58　捕捉节点　　　　　　　图 9-59　绘制短线

⑤ 绘制圆。单击"绘图"工具栏中的"圆"按钮 ◎，以如图9-59所示图中的 A 点为圆心，绘制半径为 2mm 的圆。

⑥ 移动圆。单击"修改"工具栏中的"移动"按钮 ✛，以圆心为基准点水平向左移动 2mm，如图9-60所示。

⑦ 复制圆。单击"修改"工具栏中的"复制"按钮 ❀，将步骤⑥中移动的圆竖直向下复制 4.5mm，如图9-61所示。

⑧ 绘制矩形。单击"绘图"工具栏中的"矩形"按钮 ▭，绘制长为 4mm，宽为 4mm 的矩形，捕捉矩形右边框中点，单击"修改"工具栏中的"移动"按钮 ✛，以其为基点，以如图9-61所示图中 C 点为目标点移动，结果如图9-62所示。

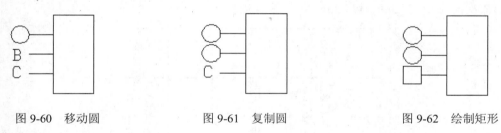

图 9-60　移动圆　　　　　　　图 9-61　复制圆　　　　　　　图 9-62　绘制矩形

⑨ 填充。

单击"绘图"工具栏中的"圆"按钮 ◎，捕捉小正方形中点，以其为圆心绘制半径为 0.5mm 的圆。

单击"绘图"工具栏中的"图案填充"按钮 ▱，用 SOLID 图案填充的圆形，如图 9-63 所示。

⑩ 添加文字。将"标注层"设置为当前层。单击"绘图"工具栏中的"多行文字"按钮 Ａ，字体样式为"Standard"，字体高度为"2.5"，添加文字后的效果如图9-64所示。

图 9-63　填充圆　　　　　　　图 9-64　添加文字效果

⑪ 移动图形。单击"修改"工具栏中的"移动"按钮 ⊕，移动如图 9-64 所示的图形到如图 9-65 所示的合适位置，单击"绘图"工具栏中的"直线"按钮 ╱，添加连接线，结果如图 9-65 所示。

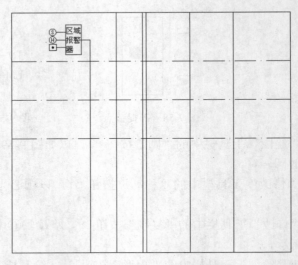

图 9-65　放置区域报警器

⑫ 复制图形。单击"修改"工具栏中的"复制"按钮 ⸙，将移动到如图 9-65 所示位置的图形依次向下复制 25mm 和 72mm，如图 9-66 所示。

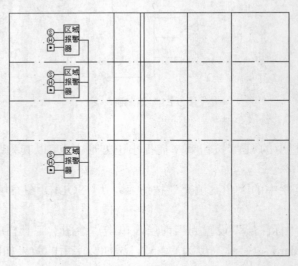

图 9-66　复制图形

（2）绘制消防铃与水流指示器。

① 绘制消防铃。

单击"绘图"工具栏中的"直线"按钮 ╱，绘制长度为 6mm 的水平直线 1。捕捉直线的中点，以其为起点竖直向下绘制长度为 3 的直线 2，分别以直线 1 的左、右端点为起点，直线 2 的下端点为终点绘制斜线 3 和 4，如图 9-67（a）所示。

单击"修改"工具栏中的"偏移"按钮![偏移图标]，将直线 1 向下偏移 1.5mm。

单击"修改"工具栏中的"修剪"按钮![修剪图标]，以斜线 3 和 4 为修剪边，修剪偏移的直线，单击"修改"工具栏中的"删除"按钮![删除图标]，删除掉直线 2，如图 9-67（b）所示。

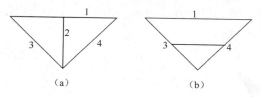

图 9-67 绘制消防铃

② 绘制水流指示器。

单击"绘图"工具栏中的"圆"按钮![圆图标]，以绘图区域的合适位置为圆心，绘制半径为 2mm 的圆。

单击"绘图"工具栏中的"插入块"按钮![插入块图标]，打开"插入"对话框，如图 9-68 所示。在"名称"后面的下拉列表中选择"箭头"块；在"插入点"选项组中勾选"在屏幕上指定"复选框；在"比例"选项组中勾选"统一比例"复选框，在"X"文本框中输入 1；在"旋转"选项组中勾选"在屏幕上指定"复选框；在"块单位"选项组中设置"单位"为"毫米"，"比例"为 1。单击"确定"按钮，返回绘图区域，结果如图 9-69（a）所示。

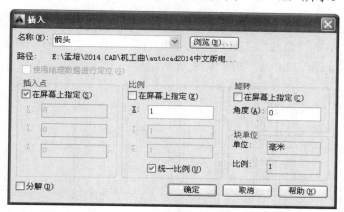

图 9-68 "插入"对话框

单击"绘图"工具栏中的"直线"按钮![直线图标]，捕捉如图 9-69（a）箭头中竖直线的中点，水平向左绘制长为 2mm 的直线，如图 9-69（b）所示。

图 9-69 插入箭头

单击"修改"工具栏中的"旋转"按钮![旋转图标]，将如图 9-69（b）所示头绕顶点旋转 50°，如图 9-70 所示。

单击"修改"工具栏中的"复制"按钮，将如图 9-70 所示箭头复制到半径为 2mm 的圆中，得到水流指示器如图 9-71 所示。

③ 移动图形。单击"修改"工具栏中的"移动"按钮 ，将绘制的消防铃和水流指示器符号插入到如图 9-72 所示的合适位置，单击"绘图"工具栏中的"直线"按钮 ，添加连接线，部分图形如图 9-72 所示。

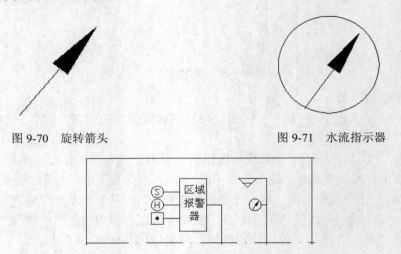

图 9-70　旋转箭头　　　　　　　　　　　　图 9-71　水流指示器

图 9-72　放置消防铃与水流指示器

④ 复制图形。单击"修改"工具栏中的"复制"按钮，将移动到如图 9-72 所示的图形依次向下复制 25mm 和 72mm，如图 9-73 所示。

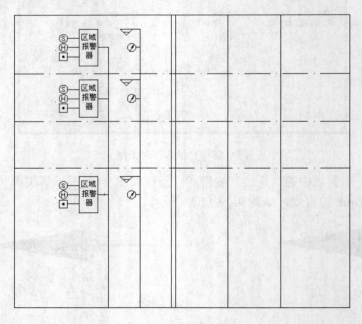

图 9-73　复制图形

（3）绘制排烟机、防火阀与排烟阀。

① 绘制排烟机。

单击"绘图"工具栏中的"圆"按钮 ⊙ ，以绘图区域中的合适位置为圆心，绘制半径为 2mm 的圆。

单击"绘图"工具栏中的"直线"按钮 ╱ ，捕捉圆的上象限点，并以其为起点水平向左绘制长度为 4.5mm 的直线。

单击"修改"工具栏中的"偏移"按钮 ⊜ ，将绘制的直线向下偏移 1.5mm，单击"绘图"工具栏中的"直线"按钮 ╱ ，连接两条水平直线的左端点，如图 9-74（a）所示。

单击"修改"工具栏中的"修剪"按钮 ╱╱ ，修剪掉多余的线段，结果如图 9-74（b）所示。

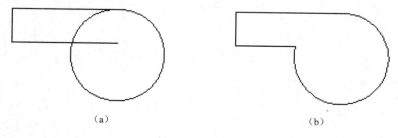

（a）　　　　　　　　　　　　　　　　（b）

图 9-74　绘制排烟机

② 绘制防火阀与排烟阀。

单击"绘图"工具栏中的"矩形"按钮 ▭ ，绘制长度为 4mm，宽度为 4mm 的矩形，如图 9-75 所示。

单击"绘图"工具栏中的"直线"按钮 ╱ ，连接点 B 与点 D，如图 9-76 所示，即为绘制完成的防火阀符号。

单击"修改"工具栏中的"复制"按钮 ℃ ，将如图 9-75 所示的图形复制一份，单击"绘图"工具栏中的"直线"按钮 ╱ ，连接 AB 与 CD 的中点，如图 9-77 所示，即为绘制完成的排烟阀符号。

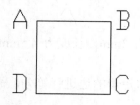
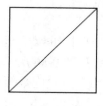
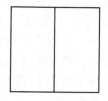

图 9-75　绘制矩形　　　　　图 9-76　防火阀符号　　　　　图 9-77　排烟阀符号

③ 移动图形。单击"修改"工具栏中的"移动"按钮 ✛ ，将绘制的排烟机、防火阀与排烟阀符号插入到如图 9-78 所示的合适位置，单击"绘图"工具栏中的"直线"按钮 ╱ ，添加连接线，部分图形如图 9-78 所示。

④ 复制图形。单击"修改"工具栏中的"复制"按钮 ℃ ，将移动到如图 9-78 所示的防火阀与排烟阀符号依次向下复制 25mm 和 72mm，如图 9-79 所示。

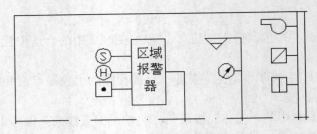

图 9-78　移动图形符号

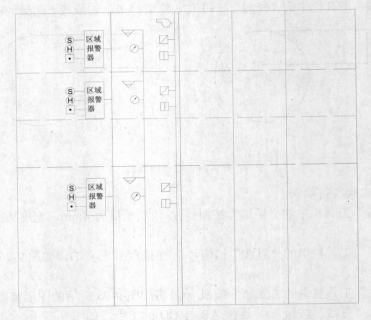

图 9-79　复制图形

（4）绘制卷帘门、防火门和吊壁。

① 绘制卷帘门与防火门。

单击"绘图"工具栏中的"矩形"按钮 □，绘制一个宽度为 3mm，长度为 4.5mm 的矩形，并将其移动到合适的位置，效果如图 9-80 所示。

选择菜单栏中的"绘图"→"点"→"定数等分"命令，将矩形的边进行等分，命令行提示与操作如下：

```
命令：_div
选择要定数等分的对象：//选择矩形的一条长边
输入线段数目或[块(B)]：3↙
```

单击"绘图"工具栏中的"直线"按钮 ∕，捕捉矩形等分节点，并以其为起始点水平向右绘制长度为 3mm 的直线，效果如图 9-81 所示，即为绘制完成的卷帘门符号。

在卷帘门符号的基础上，单击"修改"工具栏中的"旋转"按钮 ○，将如图 9-81 所示的图形旋转 90°，如图 9-82 所示，即为绘制完成的防火门符号。

② 绘制吊壁。

单击"绘图"工具栏中的"矩形"按钮 □，绘制一个宽度为 4mm，长度为 4mm 的矩形，并将其移动到合适的位置，效果如图 9-83（a）所示。

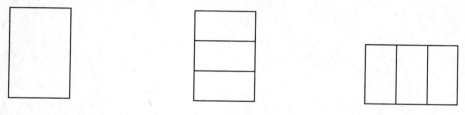

图 9-80 绘制矩形   图 9-81 卷帘门符号   图 9-82 防火门符号

单击"绘图"工具栏中的"直线"按钮 ，捕捉矩形上边框中点，并以其为起点，点 M 与点 N 为终点分别绘制斜线，如图 9-83（b）所示，即为绘制完成的吊壁符号。

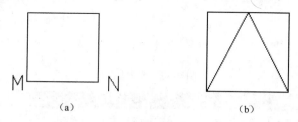

(a)   (b)

图 9-83 吊壁符号

③ 移动图形。单击"修改"工具栏中的"移动"按钮 ，将绘制的卷帘门、防火门与吊壁符号插入到如 9-84 所示的合适位置，单击"绘图"工具栏中的"直线"按钮 ，添加连接线，部分图形如图 9-84 所示。

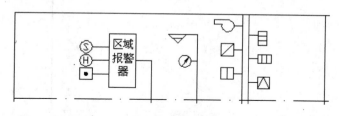

图 9-84 移动图形

④ 复制图形。单击"修改"工具栏中的"复制"按钮 ，将移动到如图 9-84 所示的卷帘门、防火门和吊壁符号依次向下复制 25mm 和 72mm，单击"修改"工具栏中的"修剪"按钮 ，修剪掉多余的线段，如图 9-85 所示。

（5）绘制喇叭、障碍灯、诱导灯和警铃。

① 绘制喇叭。

单击"绘图"工具栏中的"矩形"按钮 ，绘制一个长为 1mm，宽为 3mm 的矩形，结果如图 9-86 所示。

选择菜单栏中的"工具"→"绘图设置"命令，在弹出的"草图设置"对话框中设置角度，如图 9-87 所示。单击"绘图"工具栏中的"直线"按钮 ，关闭"正交"模式，绘制长度为 2mm 的斜线，如图 9-88 所示。

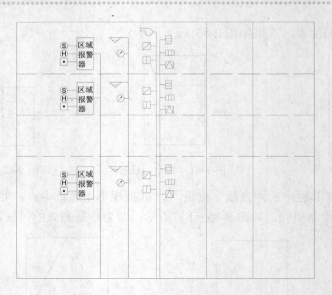

图 9-85　复制图形

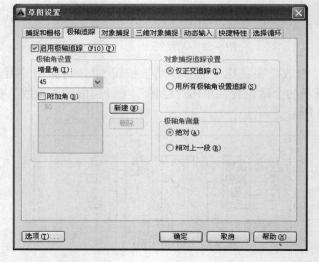

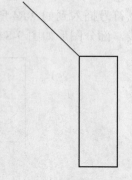

图 9-86　绘制矩形　　　　　　　图 9-87　"草图设置"对话框　　　　　　图 9-88　绘制斜线

单击"修改"工具栏中的"镜像"按钮▲，将如图 9-88 所示的斜线以矩形两个竖直边的中点为镜像线，镜像复制到下边，如图 9-89 所示。

单击"绘图"工具栏中的"直线"按钮✐，连接两斜线端点，如图 9-90 所示，即为喇叭的图形符号。

图 9-89　镜像图形

图 9-90　喇叭符号

② 绘制障碍灯。

单击"绘图"工具栏中的"矩形"按钮 □，绘制一个长度为 3mm，宽度为 3.5mm 的矩形，如图 9-91（a）所示。

单击"绘图"工具栏中的"圆"按钮 ⊙，以矩形上边中点为圆心，绘制半径为 1.5mm 的圆。

单击"修改"工具栏中的"修剪"按钮 ✂，修剪掉圆在矩形内的部分，结果如图 9-91（b）所示。

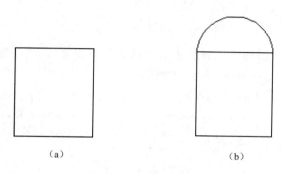

（a）　　　　　　　　　　　　　（b）

图 9-91　障碍灯符号

③ 绘制警铃符号。

单击"绘图"工具栏中的"圆"按钮 ⊙，绘制半径为 2.5mm 的圆。

单击"绘图"工具栏中的"直线"按钮 ✎，绘制圆的水平和竖直直径，如图 9-92（a）所示。

单击"修改"工具栏中的"偏移"按钮 ⊡，将绘制的水平直径向下偏移 1.5mm，竖直直径向左、右分别偏移 1mm，如图 9-92（b）所示。

单击"绘图"工具栏中的"直线"按钮 ✎，分别连接如图 9-92（b）所示中点 P 与点 T，点 Q 与点 S。

单击"修改"工具栏中的"修剪"按钮 ✂，修剪掉多余的线段，如图 9-92c 所示，即为绘制完成的警铃符号。

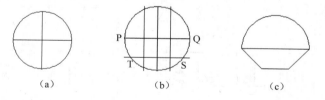

（a）　　　　　　　　（b）　　　　　　　　（c）

图 9-92　警铃符号

④ 绘制诱导灯。

单击"绘图"工具栏中的"直线"按钮 ✎，绘制长度为 3mm 的竖直直线，如图 9-93（a）所示。

单击"修改"工具栏中的"旋转"按钮 ↻，选择"复制"模式，将绘制的竖直直线绕下端点旋转 60°，结果如图 9-93（b）所示。单击"绘图"工具栏中的"旋转"按钮 ↻，选择"复制"模式，将绘制的竖直直线绕上端点旋转-60°，如图 9-93（c）所示，即为绘制完成的诱导灯符号。

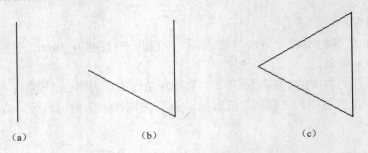

（a）　　　　　　　　（b）　　　　　　　　（c）

图 9-93　诱导灯符号绘制流程

⑤ 移动图形。单击"修改"工具栏中的"移动"按钮 ✛，将绘制的喇叭、航空障碍灯、警铃与诱导灯符号插入到如图 9-94 所示的合适位置，单击"绘图"工具栏中的"直线"按钮 ✓，添加连接线，部分图形如图 9-94 所示。

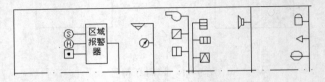

图 9-94　移动图形

⑥ 复制图形。单击"修改"工具栏中的"复制"按钮 ，将移动到如图 9-94 所示的扬声器和诱导灯符号依次向下复制 25mm 和 72mm，将警铃符号向下复制 25mm，单击"修改"工具栏中的"修剪"按钮 ，修剪掉多余的线段，并且补充绘制其他图形，如图 9-95 所示。

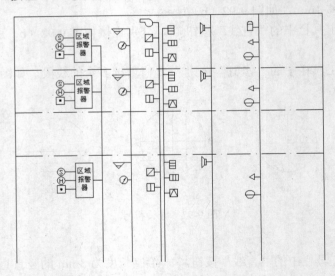

图 9-95　复制图形

（6）绘制其他设备标志框。

单击"绘图"工具栏中的"矩形"按钮 ，绘制一系列的矩形，如图 9-96 所示矩形为各主要组成部分的位置分布。

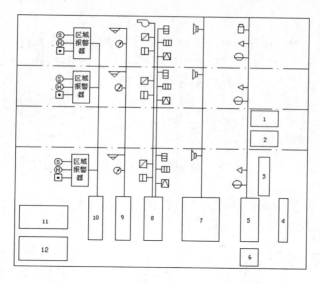

图 9-96　图纸布局

其中各矩形的尺寸如下（单位：mm）。

矩形 1：15×9；矩形 5：10×25；矩形 9：8×25；

矩形 2：15×9；矩形 6：10×10；矩形 10：8×25；

矩形 3：6×22；矩形 7：20×25；矩形 11：27×13.5；

矩形 4：5×25；矩形 8：10×25；矩形 12：27×13.5。

（7）添加连接线。

添加连接线实际上就是用导线将图中相应的模块连接起来，只需要执行一些简单的操作即可。单击"绘图"工具栏中的"直线"按钮 ，绘制导线，单击"修改"工具栏中的"移动"按钮 ，将各个导线移动到合适的位置，效果如图 9-97 所示。

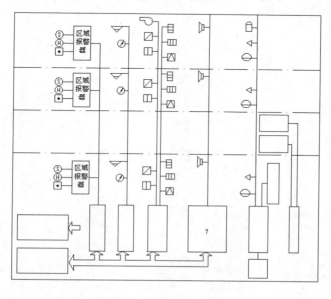

图 9-97　添加连接线

（8）添加各部件文字。

将"标注层"设置为当前层，在布局图中对应的矩形中和各元件旁加入各主要部分的文字注释。单击"修改"工具栏中的"分解"按钮，将如图 9-97 所示矩形 7 的边框分解为直线，然后等分矩形 7 的长边，命令行提示与操作如下：

```
命令: _div
选择要定数等分的对象: //选择矩形 7 的一条长边
输入线段数目或[块(B)]:输入 7↙
```

单击"绘图"工具栏中的"直线"按钮，以各个节点为起点水平向右绘制直线，长度为 20mm，如图 9-98 所示。

单击"绘图"工具栏中的"多行文字"按钮**A**，在文本框中添加对应的文字内容。添加完文字后的效果如图 9-99 所示。

图 9-98 绘制直线

图 9-99 添加文字

重复"多行文字"命令，添加其他文字，效果如图 9-100 所示。仔细检查图形，补充绘制消防泵、送风机等其他图形，最终效果如图 9-53 所示。

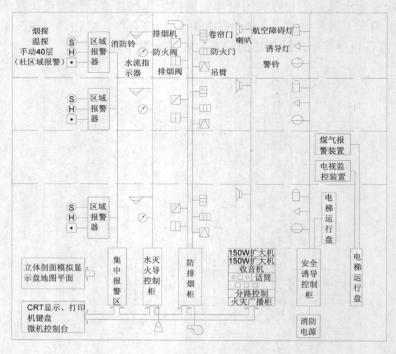

图 9-100 添加文字

上机实验 9

实验 1　绘制如图 9-101 所示的酒店消防报警平面图。

◆ 目的要求

本实验绘制的是一个典型的建筑电气平面图，通过本实验，使读者进一步掌握和巩固建筑电气平面图绘制的基本思路和方法。

◆ 操作提示

（1）绘制轴线与墙线。

（2）绘制配电干线。

（3）添加文字注释说明。

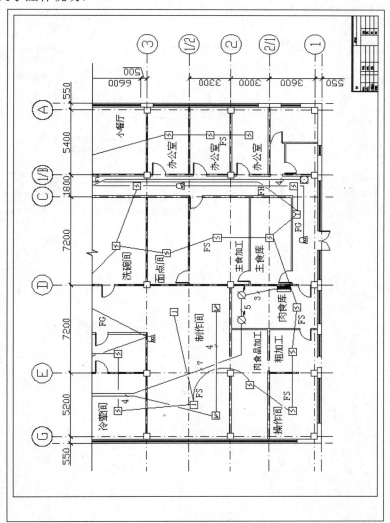

图 9-101　酒店消防报警平面图

实验2 绘制如图 9-102 所示的酒店消防报警系统图及消防系统图。

◆ 目的要求

本实验绘制的是一个典型的建筑电气系统图,通过本实验,使读者进一步掌握和巩固建筑电气系统图绘制的基本思路和方法。

◆ 操作提示

(1)绘制配电干线。

(2)绘制配电单元。

(3)添加文字注释说明。

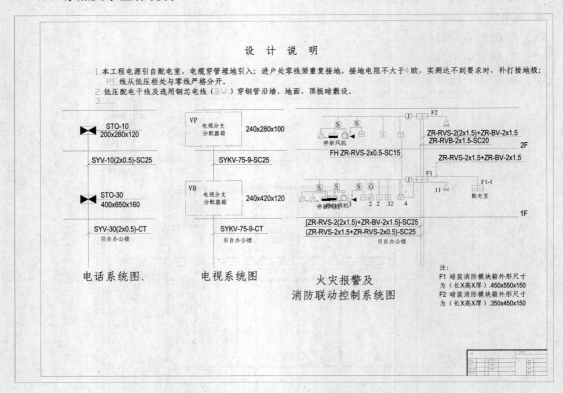

图 9-102 酒店消防报警系统图及消防系统图